Aus dem Leben der Insekten

Arabella B. Buckley

(Translator: Fritz Kriete, O. Rabes)

Alpha Editions

This edition published in 2022

ISBN : 9789356708594

Design and Setting By
Alpha Editions
www.alphaedis.com
Email - info@alphaedis.com

Contents

Vorwort.

Zur Einführung dieser Übersetzung sei hier kurz auf einige uns zusagende Eigentümlichkeiten dieser anspruchslosen Hefte hingewiesen, die uns veranlaßten, auf die Aufforderung der Verlagsbuchhandlung hin, sie ins Deutsche zu übertragen.

Überall ist versucht, Stil und Satzbau so klar und einfach zu gestalten, daß nach dieser Seite hin Kindern beim Lesen keine Schwierigkeiten erwachsen.

Die behandelten Stoffe aus dem Leben der Tiere und Pflanzen sind gut gewählt, dabei interessant — nicht rein beschreibend — gestaltet.

Vielmehr ist jeder einzelne Abschnitt, der stets ein in sich abgeschlossenes Ganzes bildet, so durchgeführt, daß er die kleinen Leser zu eigenen Beobachtungen anregt.

Endlich sind die farbenschönen Abbildungen einheitlich und naturgetreu ausgeführt, so daß auch sie das Interesse der Kinder beleben helfen. Überhaupt stand für unsere Erwägungen der Gedanke im Vordergrunde, daß diese Bücher geeignet sein könnten, sich im Kampfe gegen die unsere Jugend verseuchende Schundliteratur als nützlich zu erweisen.

Halle, im Juli 1911.

Kriete. Rabes.

Lektion 1.
Was ist ein Insekt?

Es ist ein herrlicher Sommermorgen. Laßt uns die Bücher schließen und in Garten und Feld hinauswandern auf der Suche nach Insekten! Wir tun am besten, ein paar leere Streichholzschachteln mitzunehmen, um die Insekten, die wir finden, in sie hineinzustecken. Wenn wir dann zur Schule zurückkommen, können wir sie einzeln unter umgestülpte Gläser setzen.

Insekten sind oft so klein, daß wir an ihnen vorbeigehen. Aber sie machen den bei weitem größeren Teil des ganzen Tierreiches aus, und sie tun uns so viel Gutes und so viel Schaden, daß wir die wichtigsten kennen sollten.

Beim Fortgehen sehe ich einen Kohlweißling im Gemüsegarten und einen schönen roten Admiral, der unter den Blumen umherflattert. Wir wollen den Kohlweißling fangen, damit er seine Eier nicht an unsere Kohlköpfe legt.

Dann laßt uns bei diesem Rosenstrauche stillstehen, auf dessen Blütenstengeln eine Anzahl kleiner Insekten sitzen. Wenn ihr genau zuseht, so werdet ihr finden, daß jedes seinen Rüssel in einem jungen Triebe vergraben hat, um den Saft auszusaugen. Dies sind Blattläuse (siehe Abbildung Seite 68).

Wir müssen den Strauch mit Seifenwasser und Tabaklauge bespritzen, oder er wird bald mit diesen Insekten bedeckt sein, denn sie vermehren sich schon im Laufe eines Monats um viele Tausende und saugen allen Saft aus den Pflanzen, an denen sie sitzen. Auf demselben Strauch werdet ihr wahrscheinlich ein Marienkäferchen finden, denn dieses nährt sich von Blattläusen.

Nun seht in die Blüten dieser halbverblühten Zentifolie hinein, die in den meisten Gemüsegärten wächst. Man findet in ihnen nicht selten den prächtigen Gold- oder Rosenkäfer mit seinen goldig-grünen, glänzenden Flügeln. Nimm ihn auf und sieh dir die leuchtenden Flügeldecken an! Während du dies tust, öffnet er sie vielleicht und breitet die darunter liegenden durchsichtigen Flügel aus; aber wenn er fortfliegt, kannst du leicht einen anderen bekommen.

Aber sieh da! Zu deinen Füßen läuft ein Käfer, der nicht halb so hübsch ist. Es ist ein Raubkäfer oder Kurzflügler (siehe bunte Tafel IV. 2). Wenn du ihn aufnimmst, wird er den Hinterleib in die Höhe richten und eine sehr widerliche Flüssigkeit über deine Finger spritzen, während er den Kopf aufrichtet und mit den Kieferzangen schnappt. Laß ihn also schnell in die

Schachtel fallen! In der Tat ist er fürchterlich erschrocken und hofft, dich durch sein Benehmen zu veranlassen, ihn freizulassen.

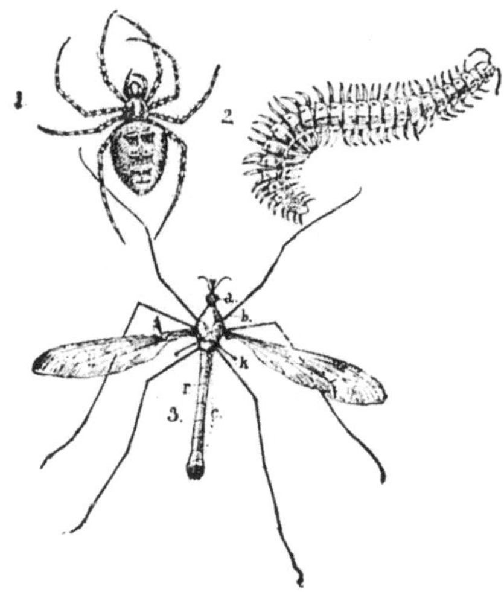

1. Spinne. 2. Tausendfuß. 3. Kohlschnake. *k*. Schwingkölbchen.

Auf dem frisch gemähten Felde, das wir nun betreten, sehen wir eine Anzahl kleiner grüner Grashüpfer (Heuschrecken oder -pferde) umherspringen. Sie sind unter Erdschollen ausgekrochen und fressen die Spitzen des jungen Grases. Einige werden Flügel haben, aber andere, die noch nicht völlig ausgewachsen sind, haben keine. Nimm einen auf und mache auch ihn zum Gefangenen!

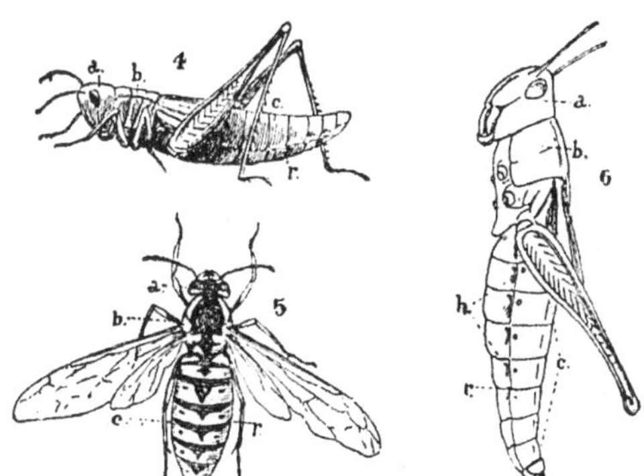

4. u. 6. Heuschrecken. *h*. Atemlöcher. 5. Wespe *r*. Ringe des Hinterleibes (*c*). *a*. Kopf. *b*. Brust.

Zunächst suche dann eine Wespe oder eine Biene zu finden! Du kannst sie im Taschentuche fangen und sie dann in die Schachtel fallen lassen. Unten am Flusse wirst du leicht noch eine Frühlingsfliege oder eine Libelle finden und in ihrer Nähe auch wohl eine Kohlschnake oder Bachmücke. Aber wenn keine solche zu erlangen ist, so genügt auch eine Schmeißfliege oder eine Stechmücke.

Ihr wundert euch vielleicht, daß ich noch keine Spinne verlangt habe. Ihr tätet besser, eine zu fangen, ebenso wie einen Tausendfuß, wenn ihr einen finden könnt.

Wenn ihr nun diese Arten unter Gläser gesetzt habt, so seht sie sorgfältig an. Ihr werdet sofort einen Unterschied zwischen der Spinne, dem Tausendfuß und allen anderen finden. Die Spinne hat acht Beine, der Tausendfuß sehr viele, während alle anderen nur sechs haben.

Seht dann den Grashüpfer, die Wespe und die Schnake an! Ihr könnt ganz deutlich sehen, daß ihr Körper in drei Teile gegliedert ist — *a*) der Kopf; *b*) die Brust, an der die sechs Beine und die Flügel wachsen; *c*) der Hinterleib, der keine Beine hat, selbst wenn er sehr lang ist wie bei der Schnake und der Frühlingsfliege. Beim Käfer kann man die Abteilungen nicht ganz so gut erkennen, weil seine Flügeldecken das Gelenk zwischen dem Vorder- und Hinterkörper bedecken.

Die Insekten haben ihren Namen von dieser Dreiteilung. Er kommt von dem lateinischen „*inseco*“, ich schneide ein. Der Kopf der Spinne ist nicht deutlich vom Körper getrennt, und ein Tausendfuß hat keine drei Abteilungen. Aus diesem Grunde, und weil sie nicht sechs Beine haben, trennen einige Naturforscher sie von den wahren Insekten. Deshalb habe ich sie auch nicht Insekten genannt.

Etwas anderes kann man sehr gut an der kleinen grünen Heuschrecke bemerken: ihr Körper ist vom Hinterleibe bis zum Kopfe in Ringe (*r*) geteilt; dasselbe kann man bei der Wespe und der Schnake, der Blattlaus und dem Raubkäfer bemerken. Alle Insekten haben einen aus Ringen zusammengesetzten Hinterleib.

Die Ringe befähigen die Wespe, ihren Hinterleib (*c*) zu biegen, wenn sie stechen oder atmen will. Wenn sie ruhig sitzt, kann man sehen, wie sich der Hinterleib fortwährend in Bewegung befindet. Dies kommt vom Atmen. Wie macht sie dies wohl nach deiner Ansicht? Sie atmet nicht durch den Mund wie wir, sondern durch Atemlöcher, die an beiden Seiten der Hinterleibsringe liegen.

Sieht man die Heuschrecke aufmerksam an, so wird man an beiden Seiten des Körpers einige kleine schwarze Punkte (*b*) sehen, und zwar jederseits einen in jedem Ring. Dies sind die Atemlöcher und durch sie geht die Luft ein und aus. Bei der Wespe sind sie kleiner, aber sie sind da, und das Insekt pumpt die Luft in sie hinein und hinaus.

Nachdem wir nun die Spinne und den Tausendfuß ausgeschieden haben, sind die, welche übrig bleiben, wahre Insekten. Aber es besteht noch ein Unterschied zwischen der Schnake und den übrigen, auf den wir achten müssen. Die Schnake hat nämlich nur zwei Flügel, alle anderen haben vier. Dies würde sonderbar sein, wenn wir nicht die Überbleibsel der fehlenden zwei finden könnten. Sie hat aber zwei kleine Schwingkölbchen (*k*) hinter den Vorderflügeln, mit denen sie sich im Gleichgewichte hält. So hat sie also zwei Flügel und die Stümpfe von zwei anderen.

Es gibt noch sehr viel über diese Insekten zu lernen. Aber ihr müßt euch einprägen, daß sie sechs Beine haben; daß ihr Körper in drei Teile geteilt ist; daß man die Ringe an ihrem Hinterleibe sehen kann; daß ihre Beine und Flügel am Vorderleib wachsen; daß sie niemals durch den Mund atmen, und endlich daß im Gegensatz zu Bienen, Schmetterlingen und Käfern, die vier Flügel haben, die Fliegen zwei Flügel und zwei Stümpfe besitzen.

Suche so viele Insekten, wie du kannst, und beobachte ihre verschiedenen Teile.

Lektion 2.
Teile einer Raupe.

In der letzten Lektion haben wir die erwachsenen oder voll entwickelten Insekten sehr leicht aufgefunden. Aber es ist viel schwieriger, einige von ihnen während ihres Entwicklungsganges zu erkennen. Heuschrecken, Heimchen und Blattläuse sehen beim Auskommen aus dem Ei fast ebenso aus, als wenn sie erwachsen sind, nur haben sie noch keine Flügel. Aber die Kohlschnake beginnt ihr Leben als eine Larve unter der Erde, und das Marienkäferchen ist anfangs eine Art Raupe, die über die Pflanzen läuft und sich von Blattläusen nährt. Alle Käfer sind Larven mit sechs kleinen Beinen, ehe sie vollständige geflügelte Käfer werden.

Tafel I

Schmetterlinge.

1. Tagpfauenauge fliegend. 1 *a.* Sitzend. 2. Raupe und 3. Puppe desselben. 4. Zitronenfalter, 5. seine Puppe. 6. Aurorafalter, 7. seine Puppe, 8. Weibchen, sitzend. 9. Wiesenvögelchen, 10. dasselbe, sitzend.

Die Raupen von Schmetterlingen sind leicht zu finden; wir wollen sie also in dieser Lektion betrachten. Es gibt kaum eine Zeit im Sommer, wo man nicht eine Raupe finden kann. Die des Zitronenfalters kommt zuerst im April heraus. Im Mai legt der Kohlweißling seine ersten Eier, und bald fressen die Raupen an den jungen Kohlblättern. Ein wenig später findet man in den Brennesseln die schwarzen Raupen mit weißen Flecken (siehe bunte Tafel I. 2), die sich im Juni in Pfauenaugen verwandeln, oder die dunkelgrünen Raupen des Admirals. Diese verbergen sich in einem Blätterbüschel, das gewöhnlich mit seidigen Fäden zusammengeknüpft ist.

Wenn man keine von diesen findet, so kann man doch gewiß nicht die Haufen von kleinen schwarzen, gelbgestreiften Raupen verfehlen, die unter den Blättern der Brennesseln sitzen, und aus denen der kleine Fuchs sich entwickelt. Diese Raupen nützen dadurch sehr, daß sie die Brennesseln vernichten, und man sollte daher immer froh sein, wenn man diesen Schmetterling findet. Gegen Beginn des Herbstes trifft man dann die gefräßigen Raupen der großen Schwärmer an. Wenn man am Abend oder am frühen Morgen ausgeht, so kann man die Raupe des großen Wolfsmilchschwärmers finden, die von der grünen Wolfsmilch an den Wegrändern und auf sonnigen Tristen frißt. Es ist ein schönes Geschöpf, etwa 7 *cm* lang, auf schwarzgrünem Grunde gelb punktiert und mit roten Längsstreifen, gelben Flecken und einem roten Schwanzhorn geziert.

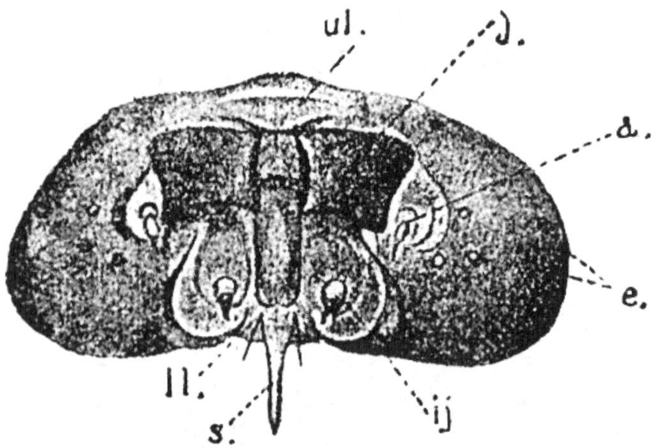

Kopf der Raupe des Ligusterschwärmers. *ul.* Oberlippe. *j.* Oberkiefer. *a.* Fühler. *ij.* Unterkiefer. *ll.* Unterlippe. *s.* Spinndrüse.

Sie ist bei uns viel leichter zu finden als die Raupe des Ligusterschwärmers (siehe bunte Tafel II. 1), die in den Ligusterhecken oder an den Fliederbüschen frißt. Sie ist 8–10 *cm* lang und hell apfelgrün gefärbt mit sieben schmaler werdenden violetten Streifen an der Seite und einem Horn am Ende des Körpers. Ihr Kopf ist grün, mit Schwarz eingefaßt, und die Atemlöcher an ihren Seiten sind mit orangefarbenen Ringen umsäumt.

Selten tritt sie bei uns so häufig auf, daß sie die Hecken in schrecklicher Weise zerstört. Sie ist sehr gefräßig und muß viel Nahrung zu sich nehmen, daß sie zu einem Schwärmer heranwachsen kann. Obgleich ihr Körper weich ist, ist ihr Kopf hart und hornig, und da der Mund nichts mit Atmen zu tun hat und keinen Laut von sich zu geben braucht, so kann er fortwährend zum Fressen benutzt werden. Er besteht aus sehr vielen Teilen, von denen man die folgenden sehr gut sehen kann: die große Oberlippe (*ul*) und die beiden starken Oberkiefer (*j*), die sich seitwärts hin- und herbewegen, wenn die Raupe das Blatt benagt. Sobald ein Stück abgeschnitten ist, schiebt die Raupe es zwischen die Unterkiefer (*ij*), wo es gekaut und verschluckt wird. Unter den Kiefern liegt die flache Unterlippe (*ll*), durch die eine kleine Röhre geht. Seht diese Röhre (*s*) gut an. Es ist die Stelle, von der die Seide kommt, die sie braucht, um ihren Kokon zu spinnen, in dem sie schläft, während der Schmetterling heranwächst.

Ihr erinnert euch, daß wir im Buch I gelesen haben, daß die Spinne ihr Gewebe aus seidigen Fäden spinnt, die aus sechs kleinen Warzen unter ihrem Körper kommen. Aber die Raupen der Schmetterlinge, und besonders die des Seidenspinners, nehmen die Seidenfäden aus Spinnwerkzeugen an der Unterlippe.

Nun seht die Beine an. Es sind drei Paare, eins an jedem Ringe der Brust. Sie haben Gelenke und am unteren Ende Klauen (2, S. 15). Es sind wirklich Beine, die hart und hornartig sind wie der Kopf. Wenn die Raupe sich in einen Schmetterling verwandelt, so werden diese Beine zu denen des Schmetterlings. Aber sie hat auch einige Bauchfüße, die sie benutzt, um sich an den Zweigen festzuhalten. Dies sind keine wirklichen Beine, sondern nur fleischige Wülste (1, S. 15), die mit dem Körper der Raupe bei der Verwandlung verschwinden. Es stehen gewöhnlich vier Paare von Bauchfüßen hinter den wirklichen Beinen und zwei am Ende des Körpers, aber einige Raupen haben nicht so viele. Kennt ihr wohl die Spannerraupen, die ihren Körper zu einem Bogen oder einer Schleife krümmen? Man findet eine Art derselben oft auf Stachelbeerbüschen, wo sie sehr viel Schaden anrichten. Sie haben nur sechs wirkliche Beine und vier Bauchfüße am Ende ihres Körpers und bewegen sich in sonderbarer Weise vorwärts. Sie halten sich mit ihren Vorderbeinen an dem Zweige fest und ziehen ihre Bauchfüße an sich heran, bis ihr Körper eine Schleife in der Luft bildet. Dann lassen die Vorderbeine los und ihr Kopfende erhebt sich in die Luft ähnlich, wie ein Elefant seinen Rüssel hebt, und dann streckt sich ihr Körper vorwärts am Zweige.

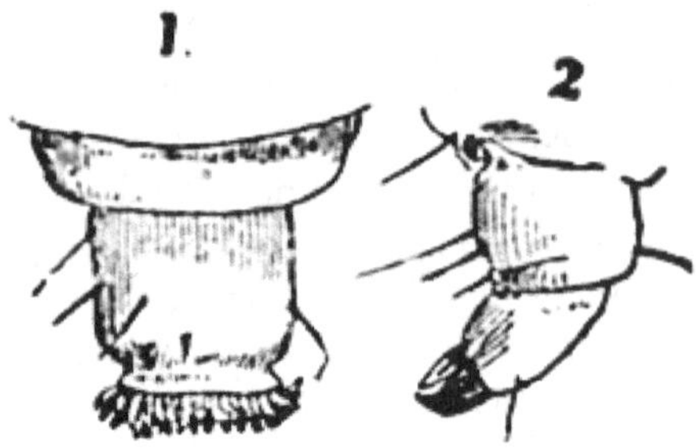

1. Bauchfüße der Raupe.
2. Gegliederte Beine.

Da eine Raupe fortwährend frißt, so wird durch den wachsenden Körper die Haut so straff, daß eine Zeit kommt, wo sie keine Nahrung mehr aufnehmen kann. Dann hält sie sich einige Stunden ruhig und bläst ihre Ringe auf. Die Haut platzt, und die Raupe kriecht heraus, mit einer neuen, weichen Haut bekleidet, die sich unter der alten gebildet hat. Diese ist dehnbar, und bald frißt die Raupe ebenso lustig darauf los wie vorher.

Die Raupe wiederholt dies ungefähr fünfmal in ihrem Raupenleben; dann hört sie mit Fressen auf und bleibt einige Tage unbeweglich. Ihre Färbung verbleicht, und wenn nun ihre Haut platzt und abgestreift wird, so sind unter einer neuen weichen nun schon alle Teile des Schmetterlings zu sehen, obwohl noch weich und unvollkommen. Bald sickert eine Art von Gummi heraus. Dieser verhärtet in der Haut und schützt dadurch den Körper während der Entwicklung.

Jetzt heißt das Wesen Puppe. Diese sieht in der Tat wie eine zerknitterte Puppe aus mit ihren zusammengebogenen Beinen und dem über diesen niedergebogenen Kopfe unter der harten Haut. Die Puppe eines Tagfalters ist gewöhnlich oben breit und unten schmal und hat Erhöhungen und Stacheln (vergl. bunte Tafel I. 3). Aber die Puppen der Schwärmer sind mehr eiförmig und glatt (vergl. bunte Tafel II. 3). Spinner hüllen ihre Puppen gewöhnlich in einen seidigen Sack oder Kokon ein, aber die Tagfalter lassen die ihrigen nackt und befestigen sie an einem Zweige oder an einem Grashalm mit einem seidigen Faden (vergl. bunte Tafel I. 5).

Die Raupe der Schwärmer wühlt sich in den Erdboden ein und liegt als Puppe in einem Loche, das sie vorher mit Seidenfäden ausgepolstert hat. Nach ungefähr sieben Monaten, oder oft auch später, arbeitet sich die Puppe an die Oberfläche hinauf, der Schmetterling bricht durch die Hülle und kriecht heraus.

Sammle einige Raupen mit den Pflanzen, auf denen du sie findest. Füttere sie und beobachte ihre Verwandlungen.

Lektion 3.
Bekannte Dämmerungs- und Nachtfalter.

Schmetterlinge tun uns nach dem Auskriechen keinen Schaden mehr. Sie breiten ihre Flügel aus, fliegen umher und saugen den Honig aus den Blumen. Die starken Freßwerkzeuge der Raupe sind verschwunden und federartige Lippen nehmen deren Stelle ein. Ihre Unterkiefer sind sehr lang geworden und in eine lange Röhre zusammengerollt (S. 18), die einem zierlichen Elefantenrüssel ähnlich sieht. Wenn das Insekt den Rüssel nicht gebraucht, ist dieser unter seiner Lippe aufgerollt, aber wenn es den Honig in den Blüten erreichen will, rollt es den Rüssel auf und steckt ihn in die Blüten.

Am frühen Morgen oder am Abend im August kann man den Ligusterschwärmer (siehe bunte Tafel II. 1) mit seinen rötlichbraunen Vorderflügeln und den schönen rosigen, schwarz gestreiften Hinterflügeln sehen, wie er seinen Kopf in die Geißblattblüten in der Hecke steckt. Oder der große Taubenschwanz flattert im Sonnenschein über ein Blumenbeet im Garten oder saugt Honig aus den tiefen Blüten der Nelken und Natterzunge. Ihr könnt ihn teils an dem summenden Geräusch erkennen, das er mit seinen Flügeln verursacht, und teils daran, daß er sich nicht auf den Blumen niederläßt, sondern im Fliegen Honig saugt.

Dann ist da der Totenkopf, der größte deutsche Schwärmer, der seinen sonderbaren Namen von der gelben Zeichnung auf dem Rücken seiner Brust hat, die wie ein Totenschädel aussieht. Er hat braune Vorderflügel und gelbe Hinterflügel mit dunkeln Querbändern, die Fühler und der Rüssel sind sehr kurz. Man kann ihn finden, wenn man nach Sonnenuntergang im Herbste an den Hecken sucht; er schwärmt daran entlang und ist durchaus nicht so selten, wie man glaubt; aber er fliegt nur am Abend.

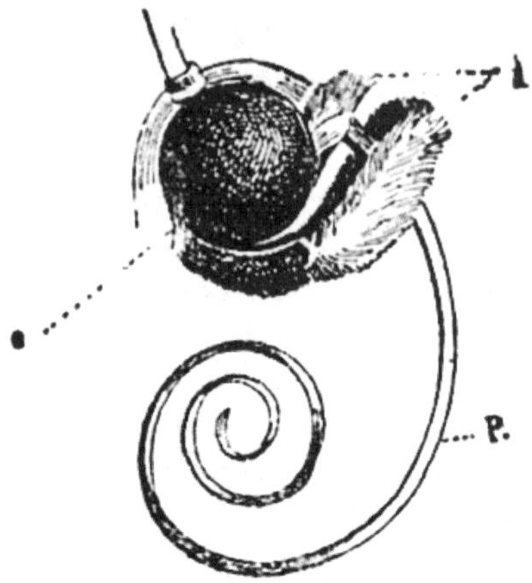

Kopf eines Schmetterlings. *e*. Großes Auge. *l*. Fühler. *p*. Saugrüssel.

Wenn man einen dieser großen Schwärmer fängt, so wird man überrascht sein zu sehen, wie verschieden er von der Raupe ist, aus der er sich entwickelt hat. Die sechs Beine an den drei Ringen der Brust sind noch da, aber über ihnen stehen vier prächtige Flügel. Sie bestehen aus einer feinen durchscheinenden Haut und sind über und über mit Schuppen bedeckt, die wie Dachziegel geordnet sind. Wie sorgfältig man auch immer einen Schwärmer oder einen Tagschmetterling fängt, es wird immer ein feiner Staub an den Fingern zurückbleiben. Jedes Teilchen dieses Staubes ist eine fein gefärbte Schuppe, und diese geben dem Schwärmer seine schönen Farben. Die Schmetterlinge werden Lepidoptera genannt, und dieses Wort bedeutet „Schuppenflügler". Die Raupe hat sechs kleine Augen, so winzig, daß wir sie nicht bemerken. Der Schwärmer hat diese auch noch, aber er hat nebenbei zwei prachtvolle, kugelartig hervorgewölbte Augen (*e*, siehe Abbildung) an beiden Seiten des Kopfes. Sie bestehen aus hunderten von kleinen Einzelaugen, so daß der Schwärmer nach allen Seiten hinsehen kann, obgleich er die Augen nicht bewegt. Die Augen des Totenkopfschwärmers glänzen selbst in der dunklen Nacht wie rote Lichterchen.

Der Körper des Falters besteht aus drei Teilen. Sein Hinterleib ist eiförmig zugespitzt, seine breite Brust trägt die Beine und die Flügel, und am Kopfe befinden sich die großen Augen (*e*), die Fühler und der Saugrüssel (s. Abb. S. 18). Die Fühler oder Antennen sind breit in der Mitte, spitz am Ende und meist fein gesägt oder gekämmt. Daran kann man Dämmerungs- und Nachtfalter von Tagfaltern unterscheiden. Denn die Fühler der Tagfalter sind fast immer rund, am Ende keulenartig verdickt und ganz glatt.

Ein anderer Unterschied zwischen ihnen ist der, daß bei den Tagfaltern die Flügel in der Ruhe aufrecht stehen, so daß ihre oberen Enden sich berühren, während sie bei den Schwärmern flach an dem Rücken liegen, wie das Dach eines Hauses auf den Mauern ruht.

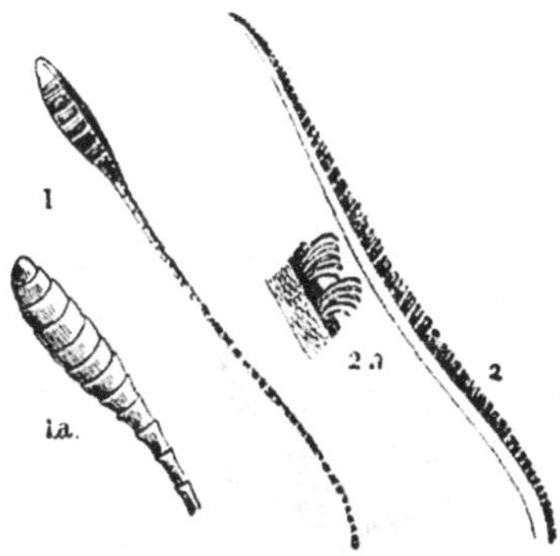

1, 1 *a*. Fühler von Tagfaltern. 2. Fühler von Schwärmern, fein gesägt oder gekämmt (2 *a*).

Zu den häufig vorkommenden Schmetterlingen, die man finden kann, gehört der Weidenholzbohrer. Er hat einen kurzen Körper und graubraun, verschwommen weißgrau gezeichnete Flügel mit dunklen Wellenlinien. Man findet ihn auf Weiden und Pappeln. Er fliegt nicht viel umher, denn er hat keinen Rüssel und nimmt während seines kurzen Schmetterlingslebens keine Nahrung zu sich. Er sucht nur eine Stelle, wo er seine Eier ablegen kann, aus denen eine nackte rote Raupe auskriecht. Diese Raupe bohrt sich in einen Baumzweig und lebt dort Jahre lang, indem sie sich von seinem Holze nährt.

Viele Schwärmerraupen leben im Innern von Baumstämmen und Zweigen. Wenn man an einem heißen Sommertage die Johannisbeersträucher überblickt, wird man zuweilen einen hübschen kleinen Schwärmer finden mit schlankem, schwarzgelben Körper, dünnen Beinen, langen Fühlern und klaren, durchsichtigen Flügeln; er sieht ganz anders aus wie die meisten Schmetterlinge. Dies ist der Johannisbeer-Glasflügler (vergleiche bunte Tafel II. 5), der nur am Rande seiner Flügel Schuppen hat. Er sieht gewissen Wespen sehr ähnlich. Dieser Glasflügler legt seine Eier in die Zweige der Johannisbeerbüsche, und seine kleine gelbe Raupe, die eine dunkle Linie auf dem Rücken hat, frißt sich in das Mark der Zweige hinein. Man sollte immer die toten oder verdorrten Zweige von den Johannisbeerbüschen entfernen, aus Furcht, daß vielleicht diese Raupen darin sitzen könnten.

Ein anderer Schwärmer, den man im hellen Sonnenschein umherfliegen sehen kann, ist von dunkelblau-grüner Farbe mit sechs roten Flecken auf den Flügeln. Es ist das Blutströpfchen oder Widderchen (s. Abb. S. 21), dessen

Kokons man im Mai an den langen Grashalmen der Wiese befestigt finden kann. Im August ist der Schmetterling ausgekrochen und fliegt von Blume zu Blume.

Tafel II

1. Ligusterschwärmer. 2. Raupe. 3. Puppe. 4. Brauner Bär. 5. Glasflügler.

Auch einen Spinner werdet ihr wahrscheinlich gerne kennen lernen, weil seine Raupe sich zu einer Kugel zusammenballt, wenn man sie aufnimmt. Sie frißt gern vom Salat und Stachelbeersträuchern, und wenn sie sich verpuppen will, beißt sie ihre langen Haare ab und verwebt sie in den Kokon. Wenn der Spinner auskriecht, läuft er abends über die Blumenbeete und fliegt nicht sehr hoch. Er ist allgemein als Bärenspinner oder brauner Bär bekannt (vergleiche bunte Tafel II. 4) und ist der größte Spinner, den wir haben. Seine Vorderflügel sind hellgelb mit welligen dunkelbraunen Streifen. Die Hinterflügel sind hellrot und schwarzblau gefleckt. Die Brust hat ein hellrotes Band und sein Hinterleib ist scharlachrot mit schwarzen Querstreifen. Wenn man die Bärenraupe im frühen Sommer findet, sie in einem Kasten, der mit Draht vergittert ist, hält und fleißig mit Taubnesseln füttert, so kann man die Puppe und den prächtigen Bärenspinner daraus entstehen sehen.

Blutströpfchen oder Widderchen mit Raupe und Kokon.

Versuche einen Schwärmer, einen Glasflügler, einen Bärenspinner und die Puppe eines Ligusterschwärmers zu finden. Fange so viele Raupen und Puppen wie möglich und nimm immer etwas von der Pflanze mit, wovon sie sich nähren.

Lektion 4.
Bekannte Tagfalter.

Es gibt lange nicht so viele Tagfalter wie Schwärmer, Glasflügler, Eulen usw. Aber da die letzteren meist in der Dämmerung oder abends fliegen, kennen wir die Tagfalter, die sich im hellen Sonnenschein umhertummeln, am besten. Ihre Raupen sind nicht so schädlich im Garten wie die der anderen Schmetterlinge, mit Ausnahme von der des Kohlweißlings, über den wir im dritten Buche gesprochen haben.

Es ist sehr unterhaltend, im Frühling und im frühen Sommer die Raupen der gewöhnlichen Schmetterlinge zu sammeln und sie in einem Kasten zu halten, über den ein Stück grober Musselin gespannt ist, so daß man sie beobachten kann, bis die Schmetterlinge auskriechen.

Auf diese Weise wird man ihre Farben viel besser zu sehen bekommen, als wenn man sie fängt, da ihre Flügel nicht vom Wind und Regen beschädigt werden wie sonst oft beim Auskriechen. Und man braucht sie nicht zu töten. Nachdem man sie betrachtet hat, kann man sie frei lassen, damit sie den Sonnenschein genießen.

Es ist sonderbar, daß so viele Schmetterlinge ihre Eier auf die Blätter der Brennessel legen. Der Grund ist vielleicht der, daß Kühe und Schafe diese Pflanzen nicht fressen, und die Eier auf ihnen also sicher sind. Das Tagpfauenauge, der kleine Fuchs und der Admiral legen alle ihre Eier auf Nesseln. Dort findet man also ihre Puppen, und ich will euch erzählen, wie man sie unterscheiden kann.

Die Eier des Pfauenauges sind in Klümpchen unter die Nesselblätter geklebt, und im Juni kann man die kleinen schwarzen, weißpunktierten Raupen finden, wie sie in Gruppen an den Blättern fressen. Früh im Juli wird jede von ihnen eine kleine, seidige Wulst unter ein Blatt gesponnen haben, an welchem die merkwürdige steife Puppe mit dem Kopfe nach unten hängt; sie sieht aus wie eine bräunliche glänzende Muschel (vergleiche bunte Tafel I. 3).

Wenn man Raupe oder Puppe mit nach Hause nimmt, so wird man gegen Ende Juli einen prächtigen Schmetterling auskriechen sehen. Die Hinterflügel sind braun, die Vorderflügel rot und blau, und auf jedem der vier Flügel befindet sich ein großer glänzender Fleck, der aussieht wie die Augen in den Schwanzfedern des Pfaues. Der Körper ist ganz dunkel gefärbt, die Fühler am Kopfe sind lang und dünn und an den Enden keulenförmig verdickt. Wenn aber der Schmetterling seine Flügel schließt (siehe bunte Tafel I. 1 *a*), so sind alle die glänzenden Farben verborgen, und er unterscheidet sich infolge der graubraunen Außenseite kaum von seiner

Umgebung, so daß die Vögel ihn während der Ruhe nicht leicht sehen können.

Wenn ihr aber aus Versehen einmal eine andere Puppe von den Nesseln mit nach Hause bringt, so wird euch ein ganz anderer Schmetterling überraschen. Seine Flügel sind am Rande stark eingekerbt; sie sind samtschwarz mit roter Binde und weißen Flecken mit blauem Rande. Es ist der Admiral, dessen Puppe auch unter den Blättern der Brennnessel hängt. Ihr werdet euch nicht irren, wenn ihr die Raupe findet, denn sie ist nicht schwarz wie die des Tagpfauenauges, sondern grünlichgelb oder braunrot mit einer Reihe halbmondförmiger Flecke an jeder Seite und mit gelben ästigen Dornen. Sie nährt sich von Nesselblättern, die sie mit seidigen Fäden um sich befestigt. Ihr müßt euch nun merken, daß aus diesen Raupen ein Admiral wird.

An einer anderen Stelle findet ihr vielleicht ein Bündel von Nesselblättern, die mit Seide zusammengewebt sind, und in deren Innern eine Menge Raupen sitzen. Sie sind mit kurzen Dornen besetzt und haben einen schwarzen Leib mit gelben Streifen und Punkten. Aus ihren Puppen wird der kleine Fuchs auskriechen.

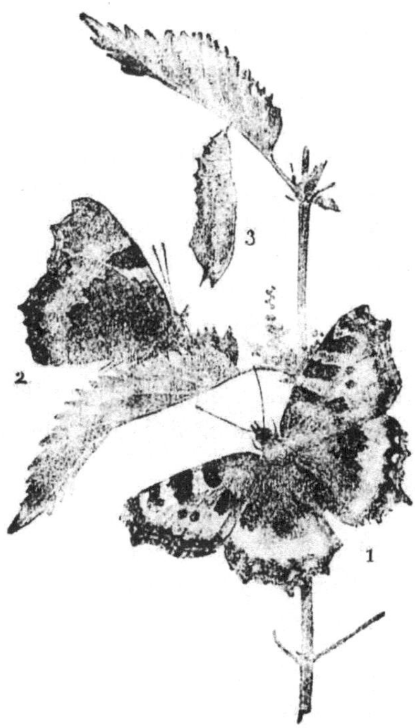

1. Fuchs fliegend, 2. ruhend, 3. Puppe.

Die sicherste Art und Weise, diese drei Raupen gut kennen zu lernen, ist die, daß man sie alle mit nach Hause nimmt und dort aufbewahrt, bis die Schmetterlinge auskriechen. Dann wird man viele kleine Unterschiede bemerken, die hier nicht alle aufgezählt werden können.

Auf Disteln findet man eine andere Raupe, die sich in die Blätter einspinnt, und deren Puppe aschgrau, braun oder gelblich und mit mehreren Goldpunkten und Dornen besetzt ist. Aus ihr wird ein rotbrauner Schmetterling auskriechen, der Distelfalter. In manchen Jahren gibt es nur wenige von dieser Art, während sie in anderen Jahren sehr zahlreich ist.

Wir gehen nun an einer anderen Stelle auf die Suche, nämlich unter dem Kreuzdorn und Faulbaum am Flußufer, entweder im Vorfrühling oder gegen Ende Juli, da der nachbenannte Schmetterling zwei Flugzeiten hat.

Man muß unter den kleinen Zweigen nach einer hübschen, grünen, rotgefleckten Puppe suchen, die einer gerippten Muschel ähnlich sieht. Sie hängt wagerecht an einem feinen Seidenfaden (vergleiche bunte Tafel I. 5). Achte darauf, wie klug die Raupe ihn befestigt hat, so daß das schwere breite Ende dem langen, dünnen das Gleichgewicht hält. Dann schneide den Zweig ab und nimm ihn mit nach Hause. Aus der Puppe wird der Zitronenfalter auskriechen, dessen hellgelbe Flügel vier rote Flecke haben (Tafel I. 4). Ihr werdet ihn sehr gut kennen, denn er ist gewöhnlich der erste Schmetterling, der im Frühling fliegt.

Nun wollen wir einmal tief unten auf den Pflanzen, die auf Wiesen wachsen, suchen. Es sind weiße oder lila Blumen, deren Blumenkronblätter in der Form eines Kreuzes stehen. Sie heißen Schaumkraut und Bitterkresse. Wenn man unter ihren Blättern sucht, so findet man oft eine sehr sonderbare Puppe (siehe bunte Tafel I. 7), die an beiden Seiten zugespitzt und wie ein Boot geformt ist. Aus ihr wird der Aurorafalter auskommen, der breite orangerote Flecke an den Spitzen der weißen Vorderflügel hat. Dieser Schmetterling ist sehr bunt, wenn er fliegt, aber wenn er sich niederläßt (siehe bunte Tafel I. 8) und seine Flügel aufrecht stellt, kann er kaum auf den Blättern der Pflanzen, aus deren Blüten er Honig saugt, gesehen werden.

Ein anderer gewöhnlicher Schmetterling ist der Heufalter oder das Wiesenvögelchen (vergl. bunte Tafel I. 9), das man an einem schönen Tage im Juni oder September finden kann, wie es den Honig aus dem Heidekraute saugt. Die grüne Raupe nährt sich von weichen Grasarten, und der hübsche kleine Schmetterling ist gelbbraun mit runden Augenflecken.

Ihr wißt also nun, wie man nach Raupen, Puppen und Schmetterlingen suchen muß, und könnt das übrige dabei selbst lernen. Überall wo Ackerveilchen und Hundsveilchen wachsen, kann man die dornige Raupe der hübschen Perlmutterfalter finden. Bläulinge findet man vorzugsweise auf

Kalkboden, doch ist der gemeine Bläuling fast überall zu Hause, und man kann ihn häufig in der Gesellschaft der kleinen dunkelbraunen Bläulinge antreffen, deren dunkel glänzende Flügel zwischen den hübschen Bläulingen lebhaft auffallen.

Wo man auch immer einen fliegenden Schmetterling sieht, sollte man versuchen, ihm zu folgen, bis er sich niederläßt; denn eine der lehrreichsten Beobachtungen, die man bei allen Schmetterlingen machen kann, ist die, wie die untere Färbung der Flügel ihnen hilft, sich zu verbergen, wenn sie ruhen, während die Farben der Oberseite hell und bunt sind.

Suche Raupen und Puppen und beobachte sie. Merke dir die Pflanze, von der sich die Raupe nährt. Vergleiche die Unterseite der Flügel mit den Pflanzen, worauf sie sich niederlassen.

Lektion 5.
Schädliche Käfer.

Alle lebenden Geschöpfe müssen nach Nahrung jagen, und Insekten fressen sehr viel im Verhältnis zu ihrer Größe. Sie fressen am meisten als Larven, aber einige, wie der Maikäfer und Sandkäfer, fressen fast ebensoviel, wenn sie voll entwickelt sind und Flügel haben.

Es gibt pflanzenfressende Käfer und Käfer, die sich von anderen Insekten und Tieren nähren. Im ganzen gibt es mehr als 3000 Käferarten in Deutschland. Es ist deshalb nötig zu wissen, was für eine Art von Nahrung der Käfer zu sich nimmt, denn einige sind nützlich für Feld und Garten, andere tun den Ernten großen Schaden.

Einer der bösartigsten ist der Maikäfer. Ihr kennt ihn sehr gut, wenn er euch am Abend umsummt oder euch ins Gesicht fliegt. Aber vielleicht kennt ihr ihn nicht als Larve, wenn er drei oder vier Jahre lang unter der Erde lebt und die Wurzeln von Gras, Korn und Gemüsen frißt. Sobald man sieht, daß Pflanzen in Feld und Garten gelb und kränklich aussehen und die Blätter hängen lassen, obwohl der Boden feucht ist, so ist es sehr wahrscheinlich, daß eine Larve unten an den Wurzeln sitzt, und diese Larve kann sehr wohl die eines Maikäfers sein.

Grabt die Pflanze aus, und ihr werdet ein häßliches Geschöpf finden (vergl. bunte Tafel III. 3), wie eine sehr große Made und fast so dick wie euer kleiner Finger mit gelblich-braunem Kopfe und sehr starken Kiefern. Sie hat sechs lange Beine mit fünf Gelenken, die an den Ringen hinter dem Kopfe wachsen, und ist so vollgefressen, daß sie kaum kriechen kann. Der letzte Ring ist viel größer als die anderen und sehr dick angeschwollen, und man kann die Atemlöcher an den Seiten sehr gut beobachten, weil der Körper so durch die Nahrung ausgedehnt ist. Ihr wißt, daß die Larve nicht durch den Mund atmet, und so kann sie fortwährend weiterfressen. Wenn ihr sie nicht gestört hättet, so würde sie von Pflanze zu Pflanze durch das ganze Feld gekrochen sein und hätte drei Jahre lang nichts getan als gefressen. Im Winter wühlt sie sich tiefer in den Erdboden, um sich während der Kälte warm zu halten.

Im Herbst des dritten Jahres endlich krümmt sie sich zusammen und hört fast acht Monate lang mit Fressen auf. Wenn man zu dieser Zeit einen Engerling findet, so kann man die Teile des wirklichen Maikäfers unter der durchsichtigen Haut liegen sehen. In den letzten Monaten ist es dann ein voll entwickelter, schlafender Maikäfer.

Wenn dann der Mai kommt, kriecht er aus der Erde hervor und fliegt in die Bäume, deren Blätter er ebenso gierig frißt, wie er vorher ihre Wurzeln fraß, als er noch eine Larve war. Dies ist die richtige Zeit, ihn zu fangen und zu töten, denn er lebt nur ungefähr vier Wochen lang, und während dieser Zeit legt das Weibchen die Eier, aus denen die Larven auskriechen.

Man ist überrascht, wenn man den Unterschied sieht, der zwischen dem Käfer und der unter dem Erdboden lebenden weißen Larve besteht. Es ist nun ein fliegendes Insekt daraus geworden, ungefähr 2,2 *cm* lang, mit braunen hornigen Flügeldecken, die ein Paar durchsichtiger, häutiger Flügel bedecken. Der Hinterleib endet in einer feinen Spitze; an dem Kopfe trägt er zwei Fühler, die in einem zierlichen Fächer enden, der beim Männchen aus 7 langen, beim Weibchen aus 6 kurzen Blättchen besteht.

Tafel III

Schädliche Käfer.
1. Männlicher, 2. weiblicher Maikäfer. 3. Engerling. 4. Puppe. 5. Schnell- oder Springkäfer.

Diese Blättchen sind beim männlichen Käfer (siehe bunte Tafel III. 1) sehr hübsch und viel größer als beim Weibchen (siehe bunte Tafel III. 2), und daran kann man das letztere erkennen. Man muß die Weibchen fangen und töten, wenn man seine Ernte retten will, und die barmherzigste Art, dies zu tun, ist, sie in kochendes Wasser zu werfen. Ein halb zertretener Käfer lebt oft noch lange aber das kochende Wasser tötet ihn augenblicklich.

Die Maikäfer ruhen bei Tage auf den von ihnen bevorzugten Bäumen, und wenn man ein Tuch darunter ausbreitet und die Zweige schüttelt, so kann man eine Menge fangen. Landleute suchen durch verschiedene Mittel auch die Larve in der Erde zu töten.

Eine andere sehr schädliche Larve ist die der Schnellkäfer, die auch Schmiede genannt werden (vergl. bunte Tafel III. 5). Alle Kinder kennen diese kleinen Käfer, obwohl sie vielleicht ihre Namen nicht wissen. Sie sind schmal und flach, ungefähr 1–2 *cm* lang und haben sehr kurze Beine. Einer der gewöhnlichsten, der Saatschnellkäfer, ist 10 *mm* lang, schwarzbraun und grau behaart. Knaben legen die Schnellkäfer gern auf den Rücken, denn sie schnellen sich dann mit Hilfe eines Bruststachels unter knipsendem Geräusch kräftig in die Höhe und kommen beim Herunterfallen meist auf die Beine. Manchmal fallen sie wieder auf den Rücken, dann ruhen sie sich etwas aus und springen wieder.

Die Larven dieser unterhaltenden kleinen Geschöpfe sind sehr schädlich. Wir kennen sie unter dem Namen Drahtwürmer. Wenn man eine solche Larve aufmerksam betrachtet, so wird man sehen, daß sie kein Wurm ist, sondern die sechs Beine an den Leibesringen hinter dem Kopfe hat; daran erkennt man, daß sie die Larve eines Insektes ist. Drahtwürmer nähren sich von den Wurzeln der meisten Pflanzen. Sie sind lang und dünn wie ein Stück Draht; ihre Farbe ist meistens gelblichrot, und sie haben eine sehr zähe Haut.

Der Schnellkäfer legt seine Eier zwischen Pflanzenwurzeln, und wenn der Drahtwurm ausgekrochen ist, frißt er oft fünf Jahre lang, ehe er sich in einen Käfer verwandelt. Daher müssen Schnellkäfer vernichtet und Salz und Kalk auf die Erde gestreut werden, um sie zu töten.

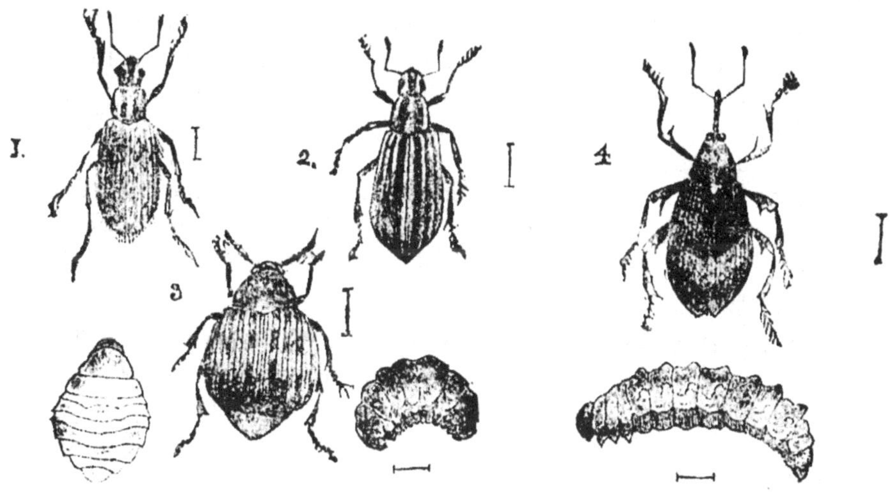

1. Gefleckter Erbsenkäfer. 2. Gestreifter Erbsenkäfer. 3. Bohnenkäfer. 4. Apfelblütenstecher.

Unglücklicherweise sind auch die hübschen kleinen Rüsselkäfer sehr schädlich. Wir lasen in Buch I von dem Haselnußbohrer, und fast jede Pflanze und jeder Baum hat irgend einen Rüsselkäfer, der sie angreift. Da ist der Apfelblütenstecher (4), der im April ein Loch in die Knospe der Apfelblüte sticht, der Erbsenkäfer (1 u. 2), der Bohnenkäfer (3) und viele andere. Sie alle beginnen ihr Leben als kleine, weiche Larven mit keinen wirklichen Füßen; sie haben nur Bauchfüße, d. h. ungegliederte Fleischzapfen mit borstiger Sohle, einen hornartigen Kopf und scharfe Kiefer.

Man kann den vollendeten Rüsselkäfer an dem auffälligen Rüssel erkennen, der manchmal lang, manchmal breit ist. Es sind hübsche kleine Geschöpfe mit oft glänzenden Flügeln, die wie Juwelen funkeln, und hellen Augen; aber als Larven zerstören sie überall Blumen, Früchte und Schößlinge.

Zu den merkwürdigsten Käfern gehören die Zweigabstecher. Sie haben lange Rüssel und sehr scharfe Kinnbacken, und ihre Füße haben unten borstige Polster mit scharfen Klauen, so daß sie sich an glatten Stämmen und Zweigen festhalten können. An Pappeln kann man im Sommer einen hübschen Zweigabstecher finden mit goldglänzenden, grünen Flügeln, den Pappelblattstecher, und an Obstbäumen und Weinstöcken trifft man sicher einen stahlblauen Stecher an, der auch Rebenstecher genannt wird und seine Eier in ihre Schößlinge legt.

Wenn das Weibchen des Zweigabstechers Eier legen will, bohrt es ein Loch in einen jungen Schößling mit seinem Rüssel und preßt ein Ei hinein. Hat es nun auf diese Weise mehrere gelegt, so fängt es an, den Schößling mit den scharfen Kinnbacken abzubeißen. Dazu braucht es oft einige Wochen, und wenn ihr den herabhängenden Zweig abbrecht und ihn verbrennt, so werdet ihr die Larven vernichten. Wenn dieser aber zuletzt nur noch an einer Faser hängt, drückt das Weibchen ihn ganz hinunter, so daß er sich loslöst und auf den Boden fällt. Hier frißt dann die Larve ungestört, wenn sie ausgekrochen ist.

Versuche Maikäfer zu finden — Männchen, Weibchen und Larve. Suche einen Schmied und einen Drahtwurm. Sammle so viele Rüsselkäfer wie möglich, ebenso Zweige, Blumen und Früchte, in denen Larven sitzen.

Lektion 6.
Nützliche Käfer.

Wir sind oft gezwungen, Käfer zu vernichten, wenn sie so zahlreich sind, daß sie unsere Ernten zerstören; da ist es angenehm zu wissen, daß es andere gibt, die uns so viel Gutes tun, daß wir nicht gegen sie ins Feld zu ziehen brauchen.

Die Sandlaufkäfer (vergl. bunte Tafel IV. 1) z. B. sind sehr hungrige Geschöpfe. Da sie sich von anderen Insekten nähren, vernichten sie die Maikäferlarven, Drahtwürmer und Raupen und retten so unsere Pflanzen. Sie sind nicht sehr groß (unser gewöhnlicher Sandlaufkäfer ist nicht mehr als etwa 1½ *cm* lang), aber ihre langen schlanken Beine sind sehr kräftig, und sie können sehr schnell fliegen.

Auf trocknen, sandigen Feldern und Äckern kann man im Sommer eine Menge von ihnen in der warmen Sonne umherlaufen sehen. Ihre Flügeldecken sind von einem schönen, glänzenden Grün mit einem kupferfarbigen Scheine und mit weißen oder gelblichen Flecken geziert. Sie laufen sehr behend und so schnell, daß man es sehr schwer finden wird, einen zu fangen. Gerade wenn man denkt, daß man den Käfer hat, hebt er plötzlich die Flügeldecken, entfaltet die zarten durchscheinenden Flügel und ist fort, ehe man es denkt.

Tafel IV

Nützliche Käfer.
1. Sandlaufkäfer. 2. Kurzflügler. 3. Totengräber, eine Maus begrabend.

Aber hat man einen gefangen, so wird man sehen, daß er große Augen hat, die aus beiden Seiten des Kopfes hervorstehen, und zwei scharfzackige Kiefer, mit denen er seine Beute zerreißen kann, während die Unterkiefer mit steifen Borsten besetzt sind, um sie halten zu helfen.

Und nun müssen wir nach der Larve suchen, die ein sehr sonderbares Geschöpf ist. Man findet sie am besten an einer weichen Stelle eines sandigen Feldes, wo man Sandkäfer hat umherlaufen sehen. Dann achte man auf kleine Löcher im Sande und versuche eins zu finden, das zu einem Gang im Erdboden führt. Die Larve des Sandkäfers sitzt an der Mündung dieses Ganges, um vorbeikommende Insekten zu fangen. Sie wird verschwinden, sobald man in ihre Nähe kommt, aber wenn man einen Grashalm in das Loch steckt und ihn hin- und herbewegt, so erfaßt die Larve denselben, und man kann sie daran herausziehen.

Dann kann man beobachten, welche Werkzeuge sie besitzt. Es ist eine lange, weiche Larve mit einem hornartigen Kopfe und sichelförmigen Kinnbacken; neben ihren sechs braunen, beborsteten Füßen hat sie zwei weiche Höcker auf dem Rücken des 5. Hinterleibringes, die mit kleinen Haken besetzt sind. Sobald die Larve im Erdboden ausgekrochen ist, bohrt sie einen Gang in den weichen Sand mit ihren borstigen Beinen und zieht sich dann bis an die Öffnung desselben hinaus, wo sie sich mit ihren Beinen und den Haken auf ihrem Rücken festhält. Ihr Kopf füllt gerade das Loch aus, und da sie ein armes schwaches Geschöpf ist, das sich nicht schnell bewegen kann, verhält sie sich ganz ruhig, bis irgend ein Insekt vorbeikommt; dann schnellt sie den Kopf hinaus und zieht ihr Opfer hinunter. Wenn man Geduld genug besitzt, um einige solche Gänge aufzusuchen, und dann still sitzt und sie beobachtet, so sieht man vielleicht, wie die Larve ihre Beute erfaßt.

Die Raubkäfer oder Kurzflügler (siehe bunte Tafel IV. 2), die wir in der ersten Lektion erwähnten, sind sehr nützlich durch das Vertilgen von Insekten, obwohl sie durchaus nicht schön sind. Aber die Laufkäfer, die oft nur sehr kleine, mitunter auch keine Flügel unter den Flügeldecken haben und selten fliegen, sind die besten Jäger. Man sieht oft einen ziemlich großen Käfer durch das Gras dahinrennen. Sein Körper ist schwarz mit violett bronzefarbenen, bläulich gerandeten Flügeldecken, die mit dichten, feinen, in Längsseiten stehenden Grübchen versehen sind. Das ist der violette Hain-Laufkäfer, der sich immer auf der Jagd nach Larven und Drahtwürmern befindet.

Es gibt noch einen sehr sonderbaren Käfer, der nicht schwer zu finden ist, und der euch sehr interessieren wird. Dies ist der Totengräber. Wenn ihr irgendwo auf dem Felde eine tote Maus oder einen toten Vogel findet, so hebt den Körper vorsichtig auf. Hat er schon einige Tage gelegen, so wird er schon einen schlechten Geruch haben, und man kann ziemlich sicher sein, zwei oder drei Käfer mit dickem Körper und starken Beinen darunter zu finden. Sie sind gewöhnlich schwarz mit roten Fühlern und zwei rotgelben Querbinden auf den Flügeldecken. Dies sind Totengräber (vergl. bunte Tafel

IV. 3), die den toten Körper gewittert haben und oft aus ziemlicher Entfernung herbeifliegen, um ihn zu begraben.

Sie kratzen die weiche Erde darunter weg, bis der Körper hinuntersinkt und dann bedecken sie ihn mit Erde. Weshalb tun sie dies wohl? Weil der weibliche Käfer seine Eier in den toten Körper legen will, damit die Larven von dem Fleische fressen können. Er tut dies, sobald das Tier begraben ist, und in einigen Tagen kommen die Larven aus. Sie sind schmal, haben sechs Beine und eine Anzahl von Stacheln auf dem Rücken. Sie schlängeln sich in und durch das Fleisch und fressen darauf los, bis sie sich selbst in den Boden einwühlen, um sich in Käfer zu verwandeln.

Sehr viele Käfer werden uns dadurch nützlich, daß sie lebende und tote Tiere fressen. Unter diesen ist auch der kleine runde Marienkäfer, der seine Beine anzieht und sich tot stellt, wenn er berührt wird, und der Leuchtkäfer oder das Glühwürmchen, das so hell in Sommernächten in Hecken und Büschen leuchtet.

Ein guter Gärtner, der ein Glühwürmchen in einer Hecke sieht, wird es immer vorsichtig aufnehmen und es wenn möglich in seinen Garten setzen. Denn die weiche Larve des Glühwürmchens (3, S. 36) bohrt sich in die Gehäuse der kleinen Schnecken hinein und nährt sich von ihnen.

Wenn man ein trockenes Schneckenhaus mit einer weißen Larve darin findet, so wird diese wahrscheinlich die des Glühwürmchens sein. Man kann sie an einem Büschel weißer Fäden erkennen, die am Hinterleibsende sitzen, und die sie gebraucht, um den Schleim der Schnecke von ihrem Rücken abzubürsten.

Glühwürmer. 1. Weibchen mit glänzendem Licht. 2. Männchen, weniger hell leuchtend. 3. Larve.

Von den vollentwickelten Glühwürmchen kann man das Weibchen (1) sehr leicht bei Nacht finden, da es ein so helles Licht ausstrahlt. Es hat keine Flügel, und man könnte es für eine Larve halten, wenn nicht die sechs Beine wären. Das männliche Glühwürmchen (2) hat zwei leuchtende Punkte am Hinterleibsende. Aber es leuchtet nicht so hell wie das Weibchen. Es hat lange weiche Flügeldecken und breite Flügel, mit denen es oft in ein erhelltes Zimmer fliegt, wenn das Fenster geöffnet ist.

Der letzte nützliche Käfer, den wir erwähnen wollen, ist das Marienkäferchen. Es nährt sich sein ganzes Leben lang von den Wanzen und Blattläusen, die unsere Pflanzen zerstören. Wo es auch immer Blattläuse gibt, da legt das Marienkäferchen ein Häufchen gelbe Eier, und wenn die langen, düster graublau gefärbten Larven ausgekrochen sind, klettern sie an den Stengeln hinauf und stopfen die Läuse mit ihren Vorderfüßen in den Mund. Beim Verpuppen kleben sie den Hinterleib an ein Blatt und hängen daran, mit dem Kopfe nach unten, bis ein Marienkäfer daraus wird, der dann fortfliegt, um sich auf einem anderen Busch von Blattläusen zu nähren und wieder Eier zu legen.

Suche einen Sandkäfer und seine Larve. Suche unter toten Tieren nach einem Totengräber. Fange einen Marienkäfer, ein männliches und ein weibliches Glühwürmchen. Suche nach der Larve des Marienkäfers.

Lektion 7.
Wespen und ihre Lebensweise.

Wir alle haben Schmetterlinge gern, weil sie hübsch sind, und Bienen, weil sie uns Honig geben. Aber niemand liebt Wespen, denn wir fürchten stets, daß sie uns stechen und unsere Gartenfrüchte benagen. Wespen sind jedoch sehr fleißig und interessant. Sie wirken gleichsam als Straßenkehrer, fressen Abfall, rohes Fleisch und Insekten und stechen niemals, wenn man sie nicht erschreckt. Man kann wohl gestochen werden, wenn man eine Wespe berührt, ohne es zu wissen; aber die Leute sind sehr töricht, die nach ihnen schlagen und herumspringen, wenn eine in der Nähe ist. Sitzt man ganz ruhig, so werden sie niemand verletzen.

Wir sind genötigt, die Wespen zu töten, denn sonst würden sie sich zu stark vermehren und viel von unserm Obst verzehren. Am besten ist es, im Frühjahr und Anfang Sommer ordentlich aufzupassen. Die wenigen großen, die dann umherfliegen, sind Königinnen oder Mutterwespen, und jede von ihnen wird ein Nest gründen. Es ist weniger grausam, diese zu töten, als die Nester im Sommer zu vernichten, wenn 3000–4000 Wespen in jedem sitzen. Manche von euch haben wohl schon gesehen, wie ein Wespennest bei Nacht ausgegraben wird, aber wahrscheinlich habt ihr noch niemals eins sorgfältig betrachtet. Laßt uns sehen, wie es gebaut ist!

Wenn die Königin unter dem Moos- oder Grasbüschel, wo sie den Winter verbracht hat, herauskommt, sucht sie nach einem Loch im Boden, das vielleicht von einer Maus oder einem Maulwurf verlassen ist. Sie kriecht hinein und macht es größer dadurch, daß sie Erdklümpchen abbeißt und mit ihren Hinterfüßen hinauswirft. Dann fliegt sie fort und kratzt kleine Faserstückchen von Bäumen und Pflanzen. Manchmal kann man sehen, wie sie an Fensterrahmen und Holzpfosten nagt. So bekommt sie kleine Holzschnitzel. Mit diesen fliegt sie nach dem Loche zurück und verarbeitet sie mit ihrem klebrigen Speichel zu einer grauen papierähnlichen Masse.

Ehe diese hart wird, macht sie einen dicken Klumpen daraus und klebt diesen an der Decke des Loches an die Wurzeln von Pflanzen. Dann sammelt sie mehr Holzfasern und baut einige wenige Zellen unter den Klumpen.

Inneres des Nestes der gemeinen Wespe.

In jede dieser Zellen legt sie ein Ei, und dann bereitet sie mehr von der klebrigen Masse und baut mehr Zellen. In ungefähr acht Tagen kriechen die ersten beinlosen Larven aus den Eiern aus, und die Königin füttert sie mit Honig und vorwiegend mit Insekten, während sie dabei mit ihrer Arbeit fortfährt. In ungefähr drei Wochen verpuppen sich die Larven innerhalb eines Kokons, und in einer weiteren Woche kriechen aus diesen Arbeitswespen aus. Nun folgen täglich andere, und die Königin überläßt ihnen die Arbeit des Nestbaues und des Fütterns der Larven, während sie selbst nur Eier legt.

Die Wespen bauen nicht nur Zellen, sie bedecken das Nest auch mit mehreren papierartigen Hüllen, die gleich einem offenen Regenschirm von dem Klumpen an der Decke herabhängen. Diese Hüllen umschließen mehrere wagerechte Waben. Eine fertige Wabe sieht aus wie ein runder Teller, der oben glatt ist, und an dessen Unterseite eine große Anzahl von Zellen sitzen, die alle nach unten geöffnet sind.

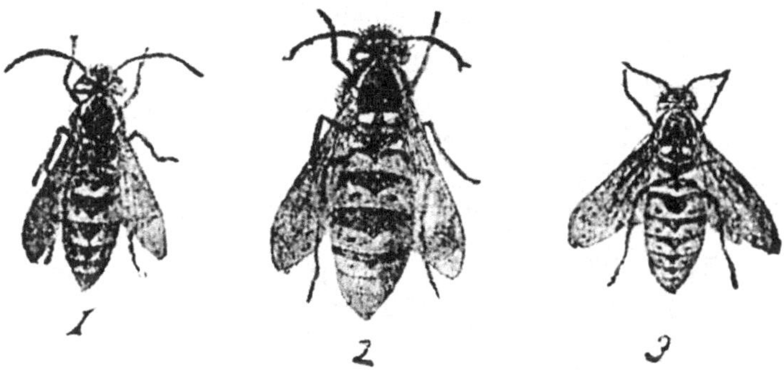

1. Männchen. 2. Königin. 3. Arbeiter.

An mehrere Säulchen unter diese Wabe kleben die Wespen nun eine neue darunterliegende fest, die sie in derselben Weise bauen wie die erste. So geht es weiter bis zum August, wo vielleicht fünfzehn bis sechszehn flache, runde Waben untereinanderhängen; sie sind durch jene senkrechten Säulchen verbunden. Dann werden die papierähnlichen Hüllen bis zur Unterseite des Nestes heruntergebaut, so daß es eine runde oder eiförmige Gestalt hat. Diese Hüllen verhindern, daß die Feuchtigkeit in das Nest eindringt.

Tafel V

Einzellebende Wespen.
1. Lehmwespe. 2. Sandwespe.

Im August bauen die Wespen größere Zellen, aus denen männliche Wespen oder Drohnen und Königinnen auskriechen. Die Drohnen haben längere Fühler als die Arbeiter. Die Königinnen sind größer als die Drohnen und die Arbeiter. Sie fliegen bald aus dem Neste, um sich mit den Drohnen zu paaren; wenn dann der Winter kommt, töten die Wespen die übrig bleibenden Larven, werden selbst schläferig und schwerfällig und alle sterben bis auf die Königinnen, die bis zum nächsten Frühjahr schlafen. Weiß man nun, wo sich ein altes Nest befindet, so kann man es vorsichtig ausgraben und sich den langen Gang ansehen, durch den die Wespen aus- und eingingen, um die Stelle verborgen zu halten, wo sich das Nest befand.

Einige Wespen bauen unter Hausdächern, besonders die großen Hornissen, falls sie nicht einen alten Baumstamm wählen. Im Walde findet man zuweilen das Nest der Waldwespe unter den Zweigen eines Baumes hängend, obwohl man es kaum bemerken würde, wenn man nicht einer solchen Wespe bis zu ihrem Heim folgt. Diese Nester sind gebaut wie die der anderen Arten und haben nur eine mehrfache Hülle und eine dicke aus papierähnlicher Masse bestehende Säule in der Mitte.

Außer den gewöhnlichen Wespen gibt es eine große Menge kleinere, von denen ihr vielleicht einige finden könnt. Sie sind sehr interessant, weil sie Insekten in ein Loch tragen und sie mit ihren Eiern begraben, so daß die jungen Larven beim Auskriechen Futter vorfinden.

Es gibt eine hübsche kleine Wespe, die Mauer- oder Lehmwespe (vergl. bunte Tafel V. 1), die man im Juni oder Juli beobachten kann, wie sie den Mörtel in einer Gartenmauer benagt oder Löcher in sandigen Abhängen gräbt. Sie ist kleiner und dunkler gefärbt als die gewöhnliche Wespe und hat einige glänzend gelbe Streifen auf ihrem Hinterleibe. Sie höhlt einen Gang im Mörtel aus und häuft die ausgegrabenen Stückchen um die Ausgangsöffnung auf. Nachdem sie dann hineingekrochen ist, um nachzusehen, ob alles in Ordnung ist, kommt sie wieder heraus und fliegt fort. Bald darauf kehrt sie mit einer kleinen grünen Raupe zurück. Sie trägt diese hinein und geht dann auf die Suche nach einer zweiten und dritten, bis sie ungefähr fünfzehn bis zwanzig herbeigebracht hat.

Wenn man nun den Mörtel an der Mauer abkratzt, um den Gang zu öffnen, so wird man an dessen Ende ein Ei finden, das an einem Faden hängt. Die Wespe hat das Ei hierher gelegt, ehe sie die erste Raupe holte. Zwischen diesem Ei und der Ausgangsöffnung liegen die 15 kleinen Raupen zusammengekrümmt nebeneinander. Das Sonderbarste dabei ist, daß sie nicht tot sind. Die Wespe hat sie nur mit ihrem Stachel gelähmt, so daß sie nicht entwischen können. Wenn man das Nest nicht zerstört, wird sie die Ausgangsöffnung mit den um dieselbe aufgehäuften Mörtelstückchen schließen und es verlassen. Nachdem die Larve dann die Raupen gefressen und sich in eine Wespe verwandelt hat, wird diese sich mit ihren Kiefern den Weg ins Freie bahnen.

Vielleicht findet ihr auch einige von den Sandwespen (vergl. bunte Tafel V. 2), die so viele Löcher in die sandigen Abhänge auf Heiden oder überall da graben, wo es sonnig und warm ist. Eine derselben bringt Spinnen in das von ihr gegrabene Loch, damit ihre Larven sich davon nähren können. Sie hat einen schwarzen, sehr behaarten Kopf und ein gleiches Bruststück; dann folgen drei rote oder rosarote Hinterleibsglieder, während der Rest dunkelbraun ist. Sie ist sehr stark und kann eine große Spinne in ihre Höhle schleppen.

Ich habe keine Zeit mehr, um euch noch mehr von diesen sonderbaren Wespen zu erzählen, von denen einige ihre Nester mit Käfern, andere mit Grashüpfern füllen. Aber nun ihr etwas von ihnen wißt, könnt ihr denen, die ihr seht, folgen und ihre Gewohnheiten selbst beobachten, was die beste Art und Weise ist, sie kennen zu lernen.

Suche ein altes Wespennest und zeichne es. Merke dir die Gestalt der gemeinen Wespe und vergleiche sie mit anderen, die du findest. Achte besonders auf den Unterschied in dem Röhrchen, das die Brust mit dem Hinterleib verbindet.

Lektion 8.
Einzeln lebende Bienen.

Wir alle kennen den Bienenkorb sehr gut, aber vielleicht habt ihr noch nicht bemerkt, daß noch andere Arten von Bienen im Garten umherfliegen. Einige von ihnen sind ungefähr von derselben Größe wie die Honigbiene; einige sind viel kleiner, und sie sind verschieden gezeichnet.

Die meisten dieser anderen Arten sind einzeln lebende Bienen. Es gibt unter ihnen keine geschlechtslosen Arbeiter, sondern nur Männchen und Weibchen, die paarweise leben. Andere leben in großen Mengen in den Löchern sandiger Abhänge, aber sie arbeiten nicht zusammen.

Wenn Efeu an den Wänden eures Hauses wächst, so habt ihr vielleicht schon Bienen bemerkt, die in die Blüten hinein- und herausschlüpfen. Unter diesen wird wahrscheinlich eine sein, ungefähr 2 *cm* lang, mit einem schwarzen Körper, der mit gelbbraunem Flaum bedeckt ist. Sie hat zwei kleine Hörner am Kopfe und heißt die „zweihörnige Mauerbiene" (vergl. bunte Tafel VI. 1).

Hat man Gelegenheit, eine solche Biene zu beobachten und ihr zu folgen, so kann man sie in einen vermoderten Pfosten oder Baumstumpf fliegen sehen. Wenn man dann in der Nähe des Flugloches einschneidet, so wird man ein sonderbares Nest finden. Denn diese Biene bohrt einen langen Gang und baut eine Zelle aus Wachs an dessen unterem Ende. Hier legt sie ein Ei hinein und häuft rings herum Bienenbrot auf, das aus Blütenstaub und Blumenhonig besteht. Sie hat kein Körbchen an den Hinterbeinen wie die Honigbiene, daher trägt sie den klebrigen Blütenstaub an den dicken Haaren unter ihrem Körper herbei und kratzt ihn von diesen mit einem Kamme ab, der an ihrem Beine sitzt.

Nachdem die Biene das Ei gelegt und Nahrung in die Zelle gebracht hat, siegelt sie dieselbe mit Wachs zu und beginnt eine neue zu bauen. So fährt sie fort, bis sie den Gang ausgefüllt hat.

Tafel VI

Einzellebende Bienen.
1. Mauerbiene. 2. Schlafbiene. 3. Tapezierbiene. 4. Wollbiene.

Aber wie kommt nun die am unteren Ende sitzende Biene heraus? Ihr Ei wurde zuerst gelegt, und sie hat acht oder zehn andere über sich. Und da besteht nun die sonderbare Tatsache, daß die Bienen aufeinander warten Sie werden ungefähr zur gleichen Zeit alle vollkommene Bienen, und wenn nun eine, die unten sitzt, eher in ihrer Entwicklung fertig ist als die anderen, so frißt sie sich durch den Deckel ihrer Zelle und versucht sich an ihrer Nachbarin vorbeizudrängen. Aber wenn die über ihr Sitzende so groß ist, daß sie nicht an ihr vorbei kann, ohne sie zu beschädigen, so wartet sie geduldig, bis alle fertig sind.

Eine andere kleine Biene, die ihr oft finden könnt, ist die Schlafbiene (vergl. bunte Tafel VI. 2). Sie führt diesen Namen, weil sie oft im Grunde von Blüten schläft, wo ihr sie finden könnt. Sie ist dünn und schwarz mit einem viereckigen Kopfe und starken Kinnbacken und hat einen feinen gelben Flaum auf dem Hinterleibe. Auch sie baut in Pfosten, aber sehr oft legt sie auch ihr Nest im Innern eines dicken Strohhalmes an. In alten Zeiten, als man die Dorfhäuser noch mit Stroh deckte, pflegten Hunderte von diesen Bienen in den größeren Strohhalmen zu bauen, und man konnte sie um das Dach herumsummen hören.

Dann gibt es noch eine andere Biene, die überall zu finden ist. Es ist die Tapezierbiene (vergl. bunte Tafel VI. 3), auch Blattschneider genannt. Ihr habt wohl schon einmal Rosenblätter gefunden, aus deren Kante halbmondförmige Stücke herausgeschnitten waren. Wenn ihr aufpaßt, könnt ihr eine solche Biene bei der Arbeit sehen.

Die Tapezierbiene hat ungefähr dieselbe Größe wie eine Honigbiene, aber einen kräftigeren Körperbau. Ihr schwarzer Körper ist mit weichen braunen Haaren bedeckt. Sie hängt sich an das Blatt und beißt im Weiterkriechen ein halbmondförmiges Stück aus demselben heraus. Kurz ehe sie damit fertig ist, öffnet sie die Flügel und hält sich schwebend in der Luft. Wenn dann der letzte Riß getan ist, fliegt sie mit dem Blattstückchen fort, indem sie es zwischen den Füßen und den Kinnbacken trägt.

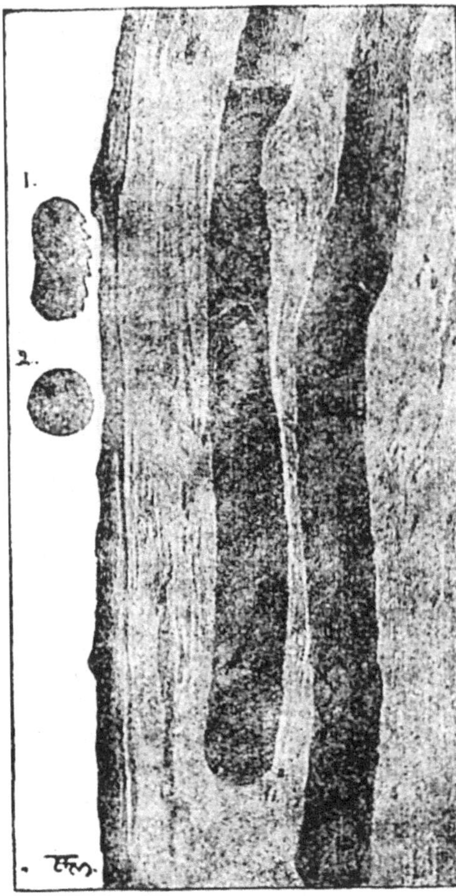

Nest der Tapezierbiene in einem Baumstamm. 1. Blattstück für die Seiten, 2. für den Boden der fingerhutähnlichen Brutzelle.

Sie fliegt zu einem Loche in der Erde, das zuerst senkrecht hinunterführt und sich dann wendet und unter der Oberfläche hinläuft. Hier läßt sie den Blattabschnitt zurück und holt dann mehrere von derselben Art. Damit baut sie eine kleine fingerhutförmige Zelle, in die sie ein Ei legt. Sie versorgt die Zelle mit Nahrung und schließt sie mit 3 oder 4 runden Blattstückchen. Dann beginnt sie eine andere Zelle zu bauen, die sie etwas in die erste hineinschiebt. In dieser Weise baut sie ungefähr sieben Zellen und legt in jede ein Ei und versieht sie mit Bienenbrot, so daß die Larven zu fressen haben, bis sie sich in Bienen verwandeln. Obwohl man die Bienen leicht beim Schneiden der Blätter beobachten kann, kann man doch nicht so leicht ihre Löcher finden, denn sie verdecken die Ausmündung mit Erde, so daß man den Eingang nicht sehen kann. Man tut am besten, einer Biene, die man beim

Blattschneiden beobachtet hat, zu folgen; aber da sie so schnell ist, muß man auch sehr behend sein. Manchmal macht sie auch ihr Loch in einem Weidenbaum, wenn das Holz weich ist.

Es gibt noch eine ähnliche einzeln lebende Biene, die ihr Nest im Stengel der Brombeere baut. Sie höhlt das Mark aus und bedeckt damit die Zellen. Wenn man einen Brombeerzweig findet, von dem das Ende abgebissen ist, so kann man den Versuch machen, ihn aufzuschneiden, um zu sehen, ob ein Gang mit Bienen- oder Wespenzellen im Inneren vorhanden ist.

Nest einer Mauerbiene in einem Brombeerzweige. Eine Zelle ist aufgeschnitten und läßt eine Puppe erkennen.

Eine andere sehr sonderbare Biene, die Wollbiene (vergl. bunte Tafel VI. 4), polstert den von ihr gebauten Gang mit flaumigen Haaren und wollartigen

Substanzen aus, die sie von verschiedenen Pflanzen holt. Ihr erinnert euch wohl, daß der Stengel der Kuckucksblume und des Himmelschlüssels mit dickem Flaum bedeckt sind. Die Wollbiene streift diesen Flaum von den Pflanzen ab, rollt ihn zu einem Ball zusammen und fliegt damit zu ihrem im Erdboden befindlichen Neste, wo sie ihn benutzt, um ihre Zellen daraus zu bauen.

Einsame Bienen sammeln keinen Winterhonig wie die Honigbienen. Sie sterben alle im Herbste, einige Weibchen ausgenommen, die in Löcher kriechen und bis zum Frühling schlafen, wo sie ihre Nester bauen und Eier legen.

Es gibt so viele einzeln lebende Bienen, daß ich euch nicht von allen erzählen kann. Ihr müßt selbst darauf achten, und ihr werdet bald lernen, die kleinen Löcher in den Bäumen und im Boden zu beachten. In einigen derselben werdet ihr sicher seltsame Geschöpfe finden.

Beobachte verschiedene Arten der einzeln lebenden Biene und versuche, ihre Löcher im Frühling zu finden.

Lektion 9.
Honigbienen.

Honigbienen finden sich in unseren Gärten so häufig, daß ich fürchte, die meisten Leute denken, sie kennen sie ganz genau und beachten sie deshalb wenig. Dies ist schade, weil die Bienenzucht sehr interessant ist, und Landleute leicht Geld damit verdienen könnten und zugleich diese fleißigen kleinen Insekten lieben lernen würden.

Wenn alle Bienen im Stock jedesmal beim Herausnehmen der Honigwaben getötet werden müßten, so würden wir uns kaum über unsere Bienen freuen können. Aber jetzt kann jedermann Bienenstöcke mit beweglichen Waben haben, die man leicht herausnehmen kann, ohne die kleinen Freunde, die sie für uns füllen, zu vernichten.

Die Honigbiene ist ein wunderbares Insekt. Sie hat drei Paar Beine und zwei Paar Flügel, gerade wie eine Wespe. Aber das hintere Beinpaar ist länger als die anderen, und die Biene hat eine vertiefte Stelle auf der Außenseite der Hinterschienen, das sogenannte Körbchen. Da hinein packt sie Blütenstaub und trägt ihn dann nach Hause, um Bienenbrot für ihre Larven daraus zu bereiten. Man kann oft eine Biene in den Stock kriechen sehen, deren Hinterbeine schwer mit klebrigem Blütenstaube beladen sind. Es scheint ein Rätsel, wie sie denselben in das Körbchen bekommt, aber wenn man das Bein genauer ansieht, wird man finden, daß es mit Haaren bedeckt ist, die eine kleine Bürste bilden. Wenn sie aus einer Blüte kommt, ist ihr behaarter Körper mit Blütenstaub bedeckt; diesen bürstet sie mit einem Beine ab, macht einen kleinen Klumpen daraus und packt ihn in das Körbchen des anderen Beines.

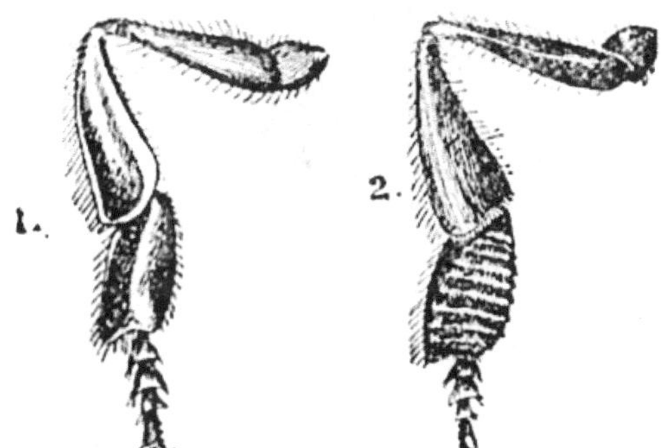

Hinterbeine der Biene. 1. Außenseite, 2. Innenseite mit Bürste.

Der Mund der Biene ist zu einem sehr nützlichen Werkzeuge ausgebildet, um Honig zu erlangen. Wenn sie nicht saugt, so ist der Rüssel unter die starken Kiefer zurückgezogen. Aber sobald sie nach Honig sucht, wird dieser Rüssel, dessen wichtigster Teil eine Verlängerung der Unterlippe mit einer behaarten Zunge im Inneren bildet, in die Blüte gestoßen und saugt den Blumennektar empor, den sie hinunterschluckt. Er gelangt in einen erweiterten Teil der Speiseröhre, den Honigmagen, der vor dem eigentlichen Magen der Biene liegt.

Dann fliegt sie nach dem Bienenstock zurück. Hier nehmen andere Bienen beim Hineinkriechen den Blütenstaub aus den Körbchen; sie selbst kriecht weiter zu den Zellen und füllt sie mit dem mitgebrachten Honig. Ein Teil desselben wird gebraucht, um die Bienenlarven zu füttern, und das übrige, um die Honigwaben für den Winter zu füllen.

Junge Bienen, die noch nicht ausfliegen, erzeugen das Wachs zum Aufbau der Zellen. An der Bauchseite von vier Hinterleibsringen tritt das Wachs in Form kleiner Schüppchen hervor. Über diesen Stellen liegen im Innern des Hinterleibes die Wachsdrüsen, die mit dem Alter der Tiere immer niedriger werden und dann, wenn die Bienen erst ausfliegen und Honig einsammeln, kein Wachs mehr ausscheiden. Die alten und die jungen Bienen teilen sich also in die Arbeit: jene tragen Honig ein, und diese bereiten Wachs. Mit den Füßen werden die Wachsschüppchen abgenommen und in warmem Zustande, wo das Wachs recht leicht zu formen ist, zum Bau der Zellen verwandt.

Unterseite der Biene mit den 4 Paar Wachstaschen.

In der Zeit, wo die Bienen Honig und Blütenstaub sammeln, sind sie dem Gärtner sehr nützlich. Ihr erinnert euch, daß die Kürbisse nicht wachsen können, wenn die Bienen nicht Blütenstaub von einer Blüte zur anderen tragen. Unsere Pflanzen haben zahlreichere Samen und unsere Obstbäume tragen mehr Früchte, wenn die Bienen hin- und herfliegen und Blütenstaub von einer Blume zur anderen tragen.

Aber wenn die Biene den Honig, wie es der Zufall bringt, von einer Art Blume zu einer anderen, d. h. fremden Art trüge, so würde dies von geringem Nutzen sein, denn der fremde Blütenstaub würde die Samenanlagen nicht zum Wachsen bringen. Beobachtet man aber eine Biene, so wird man finden, daß sie selten mehr als eine Blumenart an demselben Tage besucht. Sie pflegt von einem Veilchenbeet zu einem anderen oder von einem Apfelbaum zu einem anderen zu fliegen. Aber sie wird während eines Ausfluges nicht von einem Apfelbaum zu einem Birnbaum oder von einem Veilchen zu einer Primel fliegen. Wir wissen nicht, warum sie es so macht, aber sie nützt uns auf diese Weise sehr, und jeder Gärtner sollte die Bienen in seinem Garten schützen.

Bienenstock mit einem Aufsatz aus Holzrähmchen auf dem oberen Teile und einem Glasfenster in der Seite.

Wollt ihr nun Bienen züchten, so müßt ihr einige einfache Regeln beobachten. Ihr müßt immer sehr sanft und ruhig mit ihnen umgehen. Sie werden euch bald kennen lernen und merken, daß ihr euch nicht vor ihnen furchtet.

Ein Bienenstock aus Stroh sollte ungefähr 45 *cm* breit und 25 *cm* hoch sein; oben ist er flach und muß eine Öffnung (s. S. 53) haben, in der ein Pflock steckt. Man setzt diesen Bienenstock an eine warme geschützte Stelle des Gartens auf eine hölzerne Bank ungefähr einen halben Meter über dem Boden. Im Mai kauft man dann einen Bienenschwarm, der gerade aus dem Stock eines Nachbars gekommen ist. Man kann den eigenen Bienenstock im Innern mit Zucker bestreichen und hält ihn unter den Zweig, an welchem der Schwarm hängt. Man schüttelt nun sanft am Zweige, bis die Bienen in den Korb fallen, den man dann umdreht und am Abend vorsichtig an die Stelle trägt, wo er bleiben soll. Am nächsten Morgen werden die Bienen fleißig bei der Arbeit sein. Die großen schwerfälligen Drohnen kriechen faul umher, aber die kleineren Arbeiter werden ausfliegen und Honig sammeln oder sich im Stock aufhängen, bis sie Wachs in ihren Drüsen haben (siehe S. 50) und anfangen können, die Honigwabe zu bauen.

Wenn der Schwarm, den ihr eingebracht habt, der erste war, der den Stock verließ, so wird die alte Königin, die sich in seiner Mitte befand, bald beginnen, Eier in die Zellen zu legen: sie legt täglich ungefähr 200. Aber ein zweiter Schwarm wird von einer jungen Königin geführt, und diese wird mit den Drohnen ausfliegen, ehe sie im Stocke Eier legt.

Tafel VII

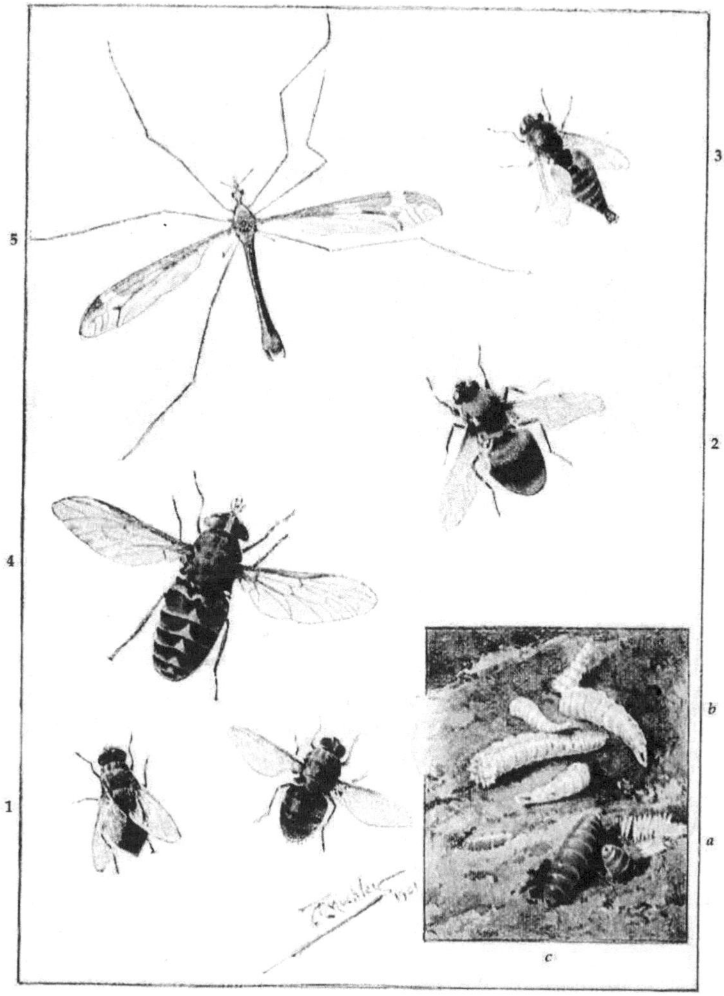

Fliegen.
1. Blaue Schmeißfliege, *a)* Eier, *b)* Larven, *c)* Puppen. 2. Rinderbiesfliege (Dasselfliege). 3. Magenbremse des Pferdes. 4. Bremse. 5. Kohlschnake.

Nun müssen die Arbeiterinnen sehr geschäftig sein. In zwei oder drei Tagen kommen die ersten Eier aus und eine Anzahl der Arbeiterinnen füttern die Larven mit Honig und Blütenstaub, den die anderen Bienen einbringen. In ungefähr fünf oder sechs Tagen schließen sie die Öffnungen der Zellen und die Bienenlarve spinnt ihren seidenen Kokon, in dem sie sich in zehn weiteren Tagen zu einer Biene entwickelt. Dann kriecht sie aus und arbeitet mit den übrigen.

Die leere Zelle wird bald mit Honig gefüllt sein; aber er ist braun, nicht weiß und rein wie der Jungfernhonig, mit dem die Zellen gefüllt werden, in denen noch keine Brut herangezogen wurde. Nach ungefähr sechs Wochen legt die Königin einige Eier in größere Zellen, aus denen männliche Bienen oder Drohnen auskriechen. Dann legt sie ungefähr alle drei Tage ein Ei in eine fingerhutförmige Zelle am Rande der Wabe. Die Larve darin wird mit besonders guter Nahrung gefüttert, und wird eine Königin.

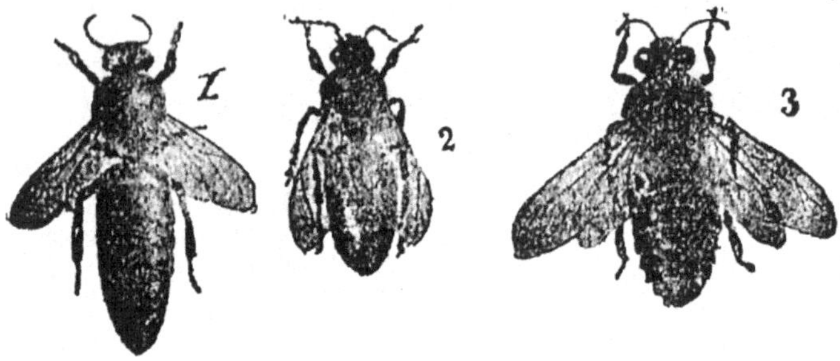

Bienen.
1. Königin. 2. Arbeiterin. 3. Drohne.

Wenn ihr keinen Bienenstock mit einem Glasfenster habt, könnt ihr alles dies nicht beobachten. Aber man kann annehmen, daß gegen Anfang Juni der Stock voll von Bienen und Honigwaben ist. Dann ist es Zeit den Pflock am oberen Ende herauszunehmen und einen Aufsatzkasten, der mit Rähmchen versehen ist (siehe S. 51), oben aufzusetzen. In diese werden die Bienen Waben bauen, die man fortnehmen kann. Man muß ein kleines Stückchen Wabe hineintun, um die Bienen zum Bauen zu veranlassen, und dann muß man das Ganze mit einem Strohkorb oder alten Tüchern bedecken, um es warm, trocken und dunkel zu halten.

In ungefähr einem Monat wird man den Aufsatzkasten voll von Honigwaben finden und kann ihn abnehmen. Der Honig in den Zellen dieser Waben ist rein und klar, und man kann ihn fortnehmen, ohne eine einzige Biene zu töten.

Im Juli bekommt man dann einen oder mehrere neue Schwärme, und wenn dann der September naht, muß man den Aufsatz fortnehmen und die Öffnung des Bienenstockes für den Winter verschließen. Aber man muß bedenken, daß man einen großen Teil des Futtervorrats der Bienen fortgenommen hat, und muß sie während der kalten Jahreszeit mit Honig und Zucker füttern.

Untersuche drei Bienen, Männchen, Weibchen und Arbeiterin. Untersuche Rüssel und Hinterschienen der Arbeiterinnen. Nimm ein Stück brauner Honigwabe mit Überresten von Bienenbrot und jungen Bienen und vergleiche es mit einer reinen Wabe. Beobachte eine Biene unter den Blumen. Suche eine Honigwabe mit fingerhutähnlichen Zellen am Rande.

Lektion 10.
Zweiflügler.

Es gibt eine Menge von kleinen fliegenden Insekten, die zu derselben Familie gehören wie Bienen und Wespen, wie z. B. die Blattwespe, die unsere Pflanzen zerstört, oder die Gallwespe, die so merkwürdige Gallen erzeugt, die wir an den Eichen und anderen Bäumen finden. Man faßt sie zusammen unter der Ordnung der Hautflügler, und sie sind gekennzeichnet durch vier gleichartige mit ästig verzweigten Adern durchzogene Flügel. Die in diesem Kapitel zu besprechenden Insekten dagegen haben alle nur zwei Flügel und werden daher Zweiflügler genannt.

Versuche so viele Zweiflügler wie möglich zu finden. Da ist die gewöhnliche Stubenfliege, die Schmeißfliege oder Brummer, Mücken, Schnaken, Bremsen und viele andere.

Die Stubenfliege und der Brummer sind an der richtigen Stelle sehr nützlich, denn sie verzehren faulende Substanzen und tote Tiere. Aber sie tun großen Schaden, wenn wir zulassen, daß sie sich an der falschen Stelle stark vermehren.

Wenn ihr sehr viele Fliegen im Hause habt, so könnt ihr sicher sein, daß sich irgendwo Schmutz befindet; denn die Stubenfliege legt ihre Eier in Misthaufen und faulige Stoffe oder in irgend welchen Schmutz, den sie finden kann, z. B. hinter eine Tür, einen Fensterladen oder in eine ungefegte Ecke.

Sie legt ungefähr 150 Eier zu gleicher Zeit, und in ein oder zwei Tagen kriechen die kleinen, beinlosen Larven aus und nähren sich von den sie umgebenden Stoffen. In vier oder fünf Tagen hören sie auf zu fressen und ruhen in ihrer Larvenhaut, die hart und braun wird. Im Sommer kommen sie dann nach ungefähr einer Woche als erwachsene Fliegen aus. Aber im Winter liegt die harte Puppe oft Monate lang, und Leute, die im Herbst ihr Haus nicht gründlich reinigen, werden wahrscheinlich im nächsten Jahre eine Fliegenplage haben.

Die Schmeißfliege, auch Brummer (vergl. bunte Tafel VII. 1) genannt, legt ihre Eier (*a*) auf Fleisch jeder Art oder auf Körper toter Tiere. Wenn ihre Larven ausgekrochen sind, nützen sie uns dadurch, daß sie uns von schlecht riechenden Stoffen befreien, denn sie geben eine Art Flüssigkeit von sich, die das Verderben des Fleisches beschleunigt, so daß sie es fressen können.

Wohl jedermann kennt die Maden der Schmeißfliege (*b*), die zum Angeln gebraucht werden. Wenn diese mit Fressen fertig sind, ziehen sie sich zu einer eiförmigen Puppe zusammen. Diese gibt eine Flüssigkeit von sich, die ihre Haut zu einem glänzend rötlichbraunen Gehäuse verhärtet. Im Inneren desselben bildet sich die Schmeißfliege, die nach Erlangung der Reife ihren Kopf so stark hervorschiebt, daß der obere Teil der Puppenhülle wie ein Deckel zurückklappt.

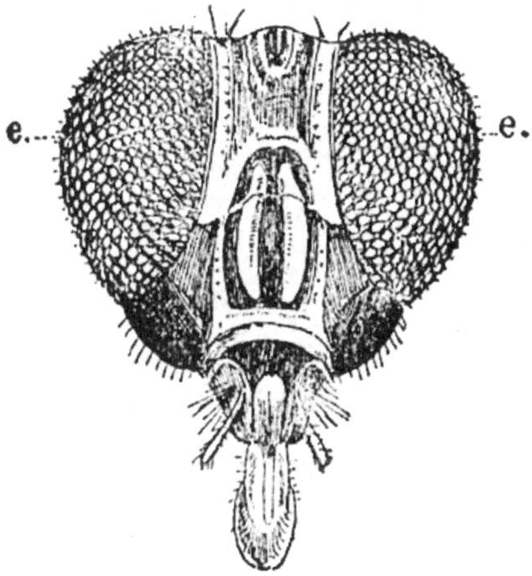

Kopf der Schmeißfliege mit den großen, zusammengesetzten Augen.

Fängt man einen Brummer und setzt ihn mit einen Körnchen Zucker unter eine Glasglocke, so kann man beobachten, wie er seinen Rüssel ausstreckt und frißt. Man wird sehen, daß er den Zucker dreht und wendet, als ob er damit spiele. Aber er benetzt ihn dabei fortwährend mit einer Flüssigkeit, die er durch den Rüssel ausfließen läßt, um das harte Zuckerstückchen zu einer Art Syrup umzuwandeln, den er aufsaugen kann. Wenn man die Brust der Schmeißfliege sanft zwischen Finger und Daumen drückt, so wird sie ihren Rüssel ausstrecken, und man kann die dicken Lippen am Ende desselben mit der dazwischen liegenden Saugvorrichtung (*A*) sehen. Aber man braucht ein Vergrößerungsglas oder Mikroskop, um einen kleinen Stachel (*l*) zu erkennen, der im Innern des Rüssels sitzt, und den sie gebraucht, um die Schale von Früchten, deren Saft sie aufsaugen will, zu durchbohren.

Es gibt aber zwei Arten von Fliegen, die viel schädlicher sind als die Stuben- und die Schmeißfliege. Dies sind die Bremsen und die Dasselfliegen.

Ihr kennt eine der kleinen Bremsfliegen ganz gut, denn sie läßt sich auf unsere Hände oder unseren Hals nieder, wenn wir im Freien sitzen. Ihr Dasein zeigt sie uns dadurch an, daß sie uns einen scharfen Stich versetzt, um uns das Blut auszusaugen. Wir nennen sie Pferdebremse, weil sie die

Pferde im Sommer so sehr quält. Viele andere derselben Gattung sind uns nicht so gut bekannt. Die größte deutsche Bremsfliege (vergl. bunte Tafel VII. 4) ist ungefähr 2–3 *cm* lang.

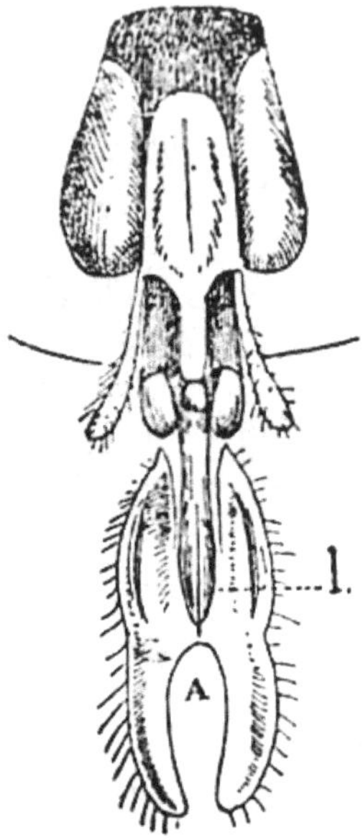

Rüssel der Schmeißfliege mit verdickten Lippen: *A*. Saugende. *l*. Spitze zum Bohren.

Die Dasselfliegen sind gefährlicher, da ihre Larven Rinder, sowie auch Hirsche und Rehe schwer schädigen können. Die Dasselfliege legt ihre Eier an und in die Haare der Tiere. Lecken diese nun jene Stellen, so gelangen die Eier oder die ausgeschlüpften Larven auf die Zunge und von da in den Anfangsteil des Magens. Die Larven durchbohren die Magenwand und wandern in den Körpern ihrer Wirte, wo sie nach etwa sechs Monaten unter der Rückenhaut anlangen. Dort bleiben sie längere Zeit und erzeugen eiternde Geschwüre, die sogenannten „Dasselbeulen". Haben sie dort ihre Entwicklung vollendet, so durchbrechen sie die Haut nach außen, lassen sich zur Erde fallen und verpuppen sich in dieser, um nach einiger Zeit als fertiges Insekt zu erscheinen. Eine der gewöhnlichsten ist die Rinder-Dasselfliege oder Rinderbiesfliege (vergl. bunte Tafel VII. 2), die einer Hummel sehr ähnlich sieht; sie hat aber zwei Flügel, während die Hummel vier hat.

Die Pferdemagenbremse (vergl. bunte Tafel VII. 3) klebt ihre Eier den Pferden mit etwas Schleim an die Haare der Brust und des übrigen Vorderkörpers. Ist das Ei nun reif, so bringt die warme Zunge des Pferdes, wenn es sich beleckt, dasselbe zum Platzen. Die Made bleibt daran kleben und gleitet in den Magen des Tieres hinunter. Hier oder im Darme befestigt sie sich mit ihrem Mundhaken, verpuppt sich dann, und die Puppe gelangt mit dem Kote ins Freie.

Das beste Mittel gegen diese Made ist, die Haut des Pferdes rein und das Haar kurz zu halten. Diese Magenbremse ist etwas größer als die Stubenfliege, sieht meistens bräunlichgelb aus und hat einen stark behaarten Körper.

Eine andere Familie der Zweiflügler sind die Mücken. Sie haben einen dünnen, schlanken Körper und fadenförmige Fühler. Wir haben über die gemeine Stechmücke im zweiten Buche gelesen, aber ihr solltet noch eine andere Art kennen lernen, die Weizen und anderes Getreide angreift.

Die zitronengelbe Weizengallmücke ist ein kleines Insekt, das ungefähr die Größe einer sehr kleinen Stechmücke hat. In der Frühe eines Junimorgens, wenn die Weizenblüte sich entwickelt, kann man diese Mücken von den Halmen schütteln und sie dicht über dem Boden umherfliegen sehen. Die Weibchen haben eine scharfe, haarfeine Röhre, mit der sie ihre Eier in die Blüten der Weizen- und seltener der Roggenähre legen. Dort kommen aus ihnen kleine gelbe Maden aus, die sich von dem Fruchtknoten nähren und dadurch die Körnerbildung verhindern. Sie vernichten auf diese Weise oft einen großen Teil der Ernte.

Ihr solltet auch die Larve der Bachmücke oder Kohlschnake kennen, die in Gärten und Kohlfeldern Schaden anrichten kann. Wenn ihr eine Schnake an einem Grashalm hängen seht, so ist sie höchst wahrscheinlich gerade dabei, mit ihrer Legeröhre Eier in den Boden zu legen.

Aus diesen kommen beinlose braune Maden aus mit starken Kiefern und einem Paar kurzer Hörner. Man kann sie beim Umpflügen eines feuchten Feldes finden. Man findet auch wohl die harte Puppe, die wie eine Schnake mit zusammengefalteten Flügeln geformt ist; die Beine sind zusammengezogen, und die beiden Hörner sitzen schon auf dem Kopfe. Sie hat Dornen an ihrem Hinterleib, mit denen sie sich an die Erdoberfläche hinaufzieht, wenn sie sich verwandeln will.

Man wird die schädlichen Larven am besten los, wenn man den Boden tief umpflügt und die Eier oder Maden vergräbt, so daß sie sterben oder nicht an die Oberfläche gelangen können; man kann auch eine Lösung von Gaskalk oder einer anderen für die Insekten tödlichen Flüssigkeit auf das Land spritzen. Stare erweisen sich gegen diese Schädlinge sehr nützlich, da sie die Maden aus dem Boden ziehen und vernichten.

Suche Made und Puppe der Schmeißfliege. Untersuche Beine, Körper und Rüssel einer Schmeißfliege. Versuche Eier der Stubenfliege zu finden. Suche eine Pferdebremse sowie die Rinderdasselfliege und Pferdemagenbremse. Suche eine zitronengelbe Weizengallmücke und ihre Made; ferner die Made und Puppe der Bachmücke.

Lektion 11.
Heimchen und Heuschrecken.

Bei allen Insekten, von denen wir bis jetzt gehört haben, sind die Larven von dem voll entwickelten Insekte ganz verschieden. Aber junge Heimchen und Heuschrecken sehen, wenn sie aus dem Ei kommen, fast ebenso aus wie das ausgebildete Insekt, abgesehen davon, daß sie kleiner sind und keine Flügel haben. Sie springen, fressen und benehmen sich genau so wie die Alten. Sie häuten sich vier- oder fünfmal. Nach der letzten Häutung kann man die Flügeldecken unter der Haut sehen, und sobald diese zerreißt, breiten sie die Flügel aus und fliegen.

Wenn man sich einen Käfig aus Drahtgaze macht, einige junge Heimchen hineinsetzt und sie mit Küchenabfällen füttert, so kann man diese Verwandlungen beobachten. Aber man darf es nicht mit einer Bedeckung von Musselin versuchen wie einer meiner Freunde, denn die Heimchen haben starke Kiefer und fressen sich bald hindurch.

Tafel VIII

1. Grüne Heuschrecke — Weibchen mit Legeröhre. 2. Kleine Heuschrecke. 3. Feldgrille. 4. Langflügelige Heuschrecke. 5. Flügellose weibliche Heuschrecke.

Die kleinen grünen Heuschrecken sind leicht auf den Feldern in großer Anzahl zu finden, aber das große grüne Heupferd (vergl. bunte Tafel VIII. 1) ist nicht so häufig. Wenn ihr aber wißt, wo ihr suchen müßt, wird es euch nicht schwer werden, eins zu fangen. Es ist sehr lehrreich, dieses Insekt zu untersuchen. Der Kopf ist von der Brust scharf getrennt. Es hat zwei lange Fühler, die nach hinten über dem Körper liegen. Seine Kiefer sind sehr stark, und wenn man ihm ein Blatt unter einem Glase zu fressen gibt, so kann man sehen, wie sie sich seitwärts bewegen, um die Nahrung zu zerkleinern; man kann auch die Ober- und Unterlippe erkennen, durch die die Nahrung zu den kauenden Kiefern im Innern hindurchgeht.

Wenn ihr ein Weibchen gefangen habt, so werdet ihr sehen, daß es eine lange Legeröhre hat, die es in den Boden bohrt, um seine Eier zu legen. Hieran könnt ihr beobachten, wie die kleineren Insekten es machen.

Und nun werdet ihr wissen wollen, wie ein Grashüpfer zirpt; denn ihr wißt ja, daß kein Insekt irgend ein Geräusch mit den Mundwerkzeugen machen kann. Schiebt euren Finger sanft unter dem linken Vorderflügel des großen grünen Heupferdes entlang bis dahin, wo dieser mit dem Körper verbunden ist. Ihr werdet fühlen, daß der Flügel an dieser Stelle so rauh wie eine Feile ist. Das Heupferd reibt diese Feile gegen eine scharfkantige Leiste, die den oberen, inneren Rand der rechten Flügeldecke bildet und erzeugt so das schrillende Geräusch. Eine ganz dicht daneben liegende feinhäutige Stelle der Flügeldecke wird dabei mit in zitternde Bewegung versetzt und verstärkt so den Ton.

Die kleine grüne Heuschrecke (vergl. bunte Tafel VIII. 2), deren kurze Fühler nach vorn stehen, bringt ihr zirpendes Geräusch in anderer Weise hervor. Sie hat eine Feile an der Innenseite des Hinterbeines, deren Zähnchen über eine vorspringende Ader der Flügeldecken geführt werden und diese dadurch in tönende Schwingungen versetzen. Dieser kleine Grashüpfer ist tatsächlich eine kleine Heuschrecke wie die, die in Schwärmen im südöstlichen Europa dahinfliegen und alles Grüne, das ihnen in den Weg kommt, auffressen. Glücklicherweise ist aber unser kleiner Freund, obwohl auch er gierig frißt, nicht so verderblich wie sie. Diese kleinen Heuschrecken haben keine Legeröhre; sie lassen ihre Eier in die lose Erde fallen und bedecken sie damit.

Heimchen sind den Grashüpfern sehr ähnlich und erzeugen das zirpende Geräusch, indem sie ihre Flügel zusammenreiben. Die Weibchen haben lange Legeröhren, wie man sehen kann, wenn man ein solches in der Küche fängt. Es legt seine Eier hinter den Ofen oder in die Nähe des Herdes, wo sie das ganze Jahr hindurch in der Wärme ausgebrütet werden.

Grashüpfer und Heimchen zirpen nicht, um uns zu erfreuen; sie rufen einander. Sie müssen also hören können. Wo erwartet ihr nun wohl, ihre Gehörorgane zu finden? Ihr werdet es sicher nicht raten.

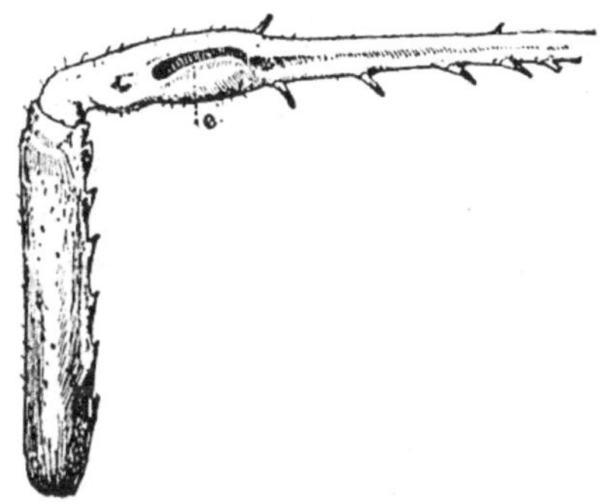

Bein vom großen grünen Heupferde. *e*. Gehörorgan.

Sieh unter den Flügel der kleinen grünen Heuschrecke auf den ersten Ring ihres Hinterleibes, der hinter ihren Hinterbeinen liegt! Da, ein wenig über den Atemlöchern, wirst du eine sehr kleine Grube finden. Diese ist mit einer dünnen Haut bedeckt und ist das Gehörorgan (Ohr) der Heuschrecke. Das große grüne Heupferd hat sein Ohr an einer noch sonderbareren Stelle, nämlich auf seinem Vorderbeine unter dem Knie (*e*, S. 62).

Ich erwarte, daß ihr die Feldgrille (vergl. bunte Tafel VIII. 3) kennt, denn obwohl sie sehr furchtsam und am Tage äußerst vorsichtig und scheu ist, kann man sie doch leicht fangen, wenn man an ihrem Zirpen herausgefunden hat, wo sie sich aufhält. Man stößt einen Grashalm in das Loch, den sie sicher ergreifen wird, so daß man sie daran herausziehen kann. Viele Landkinder fangen sie auf diese Weise. Eine Feldgrille ist bedeutend größer als ein Hausheimchen; ihr Körper ist dunkler, ihr Zirpen schriller. Sie ist im Garten sehr nützlich, denn sie nährt sich ebenso von Pflanzen wie von Insekten und sitzt nachts vor ihrem Loche, um diese zu fangen. Auch an warmen, sonnigen Tagen kannst du sie vor ihrer Höhle sehen, sonst aber sitzt sie immer in der Erde, wo die Larven den ganzen Winter lang bleiben, bis sie Flügel bekommen haben.

Ich möchte wissen, ob ihr jemals eine Maulwurfsgrille gefunden habt. Es gibt ihrer eine Menge im sandigen Boden, besonders auf feuchten Feldern, an den Ufern von Kanälen und Flüssen. Aber sie kommen nicht überall vor, und sie sind so scheu, daß sie nur in der Nacht aus ihrem Bau herauskommen. Sie verursachen ein seltsames Geräusch, und daran könnt ihr erkennen, daß welche in der Nähe sind. Dann müßt ihr am Flußufer oder in einem sandigen und zugleich feuchten Teile des Gartens suchen, und wenn ihr dann kleine Erhöhungen aufgeworfen seht, so ist es höchst wahrscheinlich, daß die Maulwurfsgrille darunter arbeitet.

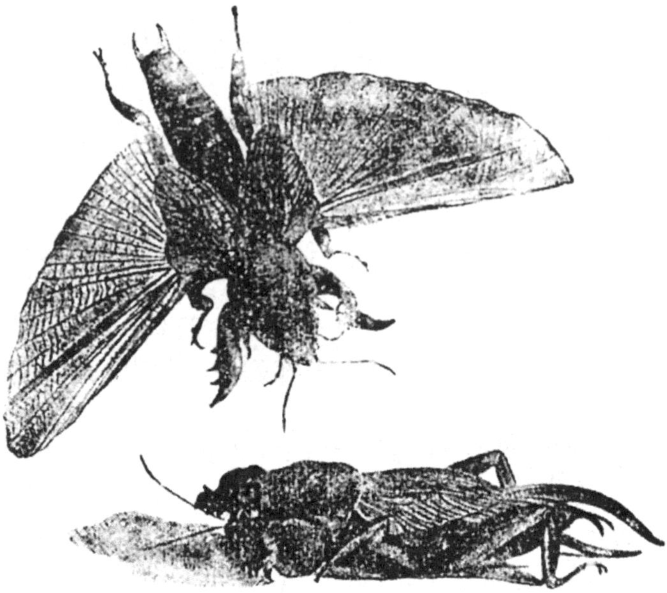

Maulwurfsgrille, fliegend und ruhend.

Sie ist ein sehr sonderbares Insekt, mehr als 5 *cm* lang mit kleinem Kopfe und langen Fühlern, einer sehr breiten Brust und dicken, flachen Vorderbeinen, die wie beim Maulwurf in Grabfüßen endigen, die mit scharfen, schwarzen Klauen versehen sind. Damit bahnt sie sich ihren Weg durch die Erde, gerade wie der Maulwurf. Ihr Körper ist mit weichen Haaren bedeckt, die oben braun und unten gelb sind und die feuchte Erde abhalten. Sie richtet großen Schaden an, wenn sie in einen Garten kommt, denn sie wühlt lange Gänge und frißt die Wurzeln und Stengel der Pflanzen. Die weibliche Maulwurfsgrille hat keine Legeröhre, denn sie braucht eine solche unter der Erde nicht. Sie legt ungefähr 200 Eier in eine Höhle am Ende des Ganges und die jungen Maulwurfsgrillen leben dort zwei oder drei Jahre lang, ehe sie Flügel bekommen. Hat man das Glück, ein Nest mit einigen Jungen darin zu finden, so wird man sich über die sonderbare Gestalt derselben wundern.

Es gibt noch zwei andere Geradflügler, die ihr sehr gut kennt. Der eine ist der Ohrwurm, vor dem sich törichte Leute wegen der langen Kneipzange am Ende des Leibes fürchten, obwohl er niemand Schaden tut. Er hat sehr kurze Flügeldecken und längs- und quergefaltete Hinterflügel. Der einzige Schaden, den er anrichtet, entsteht dadurch, daß er unsere Blumen benagt. Das Weibchen ist sehr liebevoll. Es trägt die Jungen weg, wenn sie gestört werden, und wacht über sie, bis sie erwachsen sind.

Der andere Geradflügler ist die Küchenschabe, die manche Leute für einen Käfer halten. Aber das Insekt ist kein Käfer, denn es entsteht nicht aus einer Larve. Die Jungen sind den Alten gleich, nur kleiner und ohne Flügel. Die weibliche Küchenschabe hat überhaupt keine Flügel. Sie trägt ihre Eier in einer sonderbaren Art und Weise am Ende ihres Körpers in einem Behälter, der wie eine Tasche aussieht, und verbirgt diese in Ritzen hinter dem Ofen oder zwischen den Dielen, kurz bevor die Larven auskommen. Diese Behälter sind braun und hornig. Im Inneren liegen ungefähr sechszehn Eier, sauber in zwei Reihen geordnet wie Erbsen in einer Schote. Schaben sind sehr unangenehme und schädliche Insekten. Sie fressen alles, was sie bekommen können, und haben einen widerlichen Geruch.

Versuche die verschiedenen Arten des Grashüpfers und des Heimchens zu finden, und zwar ausgewachsene und solche ohne Flügel. Untersuche die Flügel eines Ohrwurms. Suche die Eierbehälter der Küchenschabe.

Lektion 12.
Ameisen und ihre Honigkühe.

Ameisen sind die intelligentesten aller Insekten. Wir lernten etwas über den Ameisenhügel im ersten Buch, und da könnt ihr euch die Abbildungen der Männchen, Weibchen und Arbeiter mit ihren Larven und Kokons ansehen.

Wir wollen nun einige andere Ameisen betrachten und etwas über ihre Lebensweise lernen. Es gibt zwei ganz gewöhnliche Arten, die man in jedem Garten finden kann. Die eine ist rot und die andere schwarz. Beide bauen ihre Wohnungen unter dem Erdboden, indem sie die Erde mit ihren Kiefern und Füßen fortschaffen und Gänge und Kammern anlegen. Man findet da, wo sie bei der Arbeit sind, gewöhnlich eine kleine Erhöhung, die sich kuppelförmig über das Nest wölbt, aber diese ist nicht so auffallend wie der Hügel der Waldameise. Wenn man ein Loch an einer Seite eines Nestes gräbt, so wird man die Kammern öffnen, und man kann die Larven im Innern sehen; hat man das Loch nicht zu groß gemacht, so werden die Ameisen es bald wieder in Ordnung bringen.

1.

2.

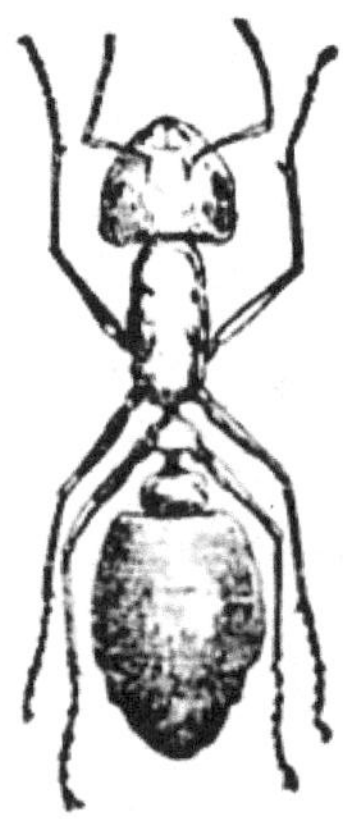

1. Ameise mit einem, 2. Ameise mit zwei Knoten am Hinterleibsstiel.

Ihr könnt auch einige Kokons nehmen und sie mit etwas Erde unter ein Glas bringen, um zu sehen, wie die jungen Ameisen auskommen. Aber nehmt die Larven nicht, ohne einige Ameisen mit hineinzusetzen, denn sie können sich nicht selbst ernähren.

Bei den Ameisen kann man schwarze, rote und gelbe Arten unterscheiden. Genauer aber werden die einzelnen nach der Ausbildung des feinen Stieles bestimmt, der Brust und Hinterleib verbindet: der

„Hinterleibsstiel" kann aus einem oder zwei Gliedern bestehen und diese können an ihrer Oberseite wieder schuppen- oder knopfförmig ausgebildet sein (2, S. 66). Außerdem können wir feststellen, daß manche Arten einen Stachel besitzen, der anderen fehlt. Die, welche keinen Stachel haben, greifen ihre Feinde mit ihren starken Kiefern an und spritzen eine scharfe Säure in die Bißwunde aus der am Hinterleibe befindlichen Giftblase.

Es gibt eine kleine braune Ameise, die häufig in unseren Häusern lebt und sich von unseren Lebensmitteln nährt. Sie hat zwei Verdickungen und sticht sehr scharf. Ich schnitt einst einen Kuchen an, der einige Tage im Schranke gestanden hatte und fand ihn im Innern voll von diesen Ameisen. Sie krochen in ganzen Scharen auf meine Hand, die von ihren Stichen wie Feuer brannte. Diese Ameise baut ihr Heim gewöhnlich hinter dem Ofen.

Wenn ihr einige Ameisen unter ein Glas setzt und ihnen ein Stückchen Nuß oder Brot gebt, so könnt ihr sehen, wie sie ihre äußeren Kiefer gebrauchen, um etwas davon abzuschaben, und ihre zierliche Zunge, um den Saft oder das Öl abzulecken, während sie die Nahrung nach den inneren Kiefern weiterschieben, gerade wie die Bienen und Wespen. Man kann auch sehen, wie sie ab und zu innehalten, um ihren Körper mit ihren Vorderbeinen zu streicheln. Seht diese letzteren genau an, und ihr werdet einen kleinen Stachel in der Nähe des letzten Gelenkes finden. Dieser Stachel ist mit mehr als fünfzig feinen Zähnen besetzt und an dem Beine selbst sitzen noch einige gröbere Zähne. Dies ist die Bürste und der Kamm der Ameise. Sie kratzt sich mit ihnen und zieht sie durch ihre äußeren Kiefern oder Mandibeln, um sie zu reinigen.

Die Ameise hat sehr kleine Augen und benutzt stets ihre Fühler, um etwas ausfindig zu machen, was sie wissen will. Diese stehen über den sonderbaren flachen Kopf hervor und sind ganz geheimnisvolle Werkzeuge. Wenn Ameisen sich verständigen wollen, so berühren sie gegenseitig ihre Fühler und können so auf irgend eine sonderbare Weise sich mitteilen, wohin sie gehen, und was sie tun sollen.

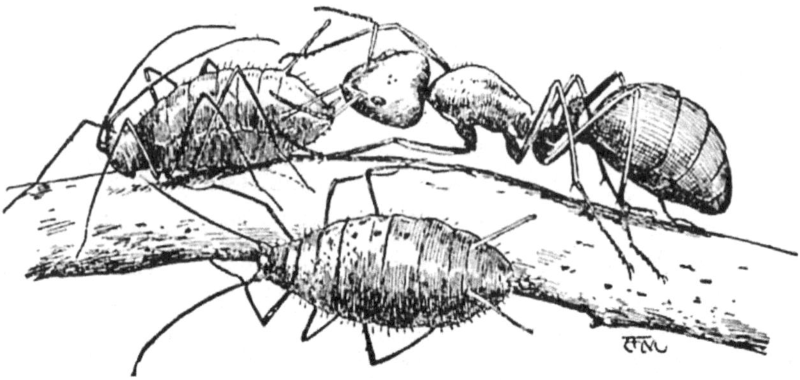

Ameise streichelt Blattläuse, um süßen Saft zu erhalten.

Die Gartenameisen leben viel mehr unter der Erde als die Waldameisen, aber man kann sie oft im Garten sehen, wo sie sich sonnen oder Grashalme mit ihren Kiefern abschneiden, um ihre Nester damit zu polstern, oder eine Spinne oder Fliege zerreißen. Sie scheinen oft hierhin und dorthin zu laufen, als ob sie nicht wüßten, was sie tun sollten, aber bei näherer Beobachtung wird man finden, daß jede ein Ziel hat. Einige tragen Gegenstände ins Nest, andere klettern an den Stengeln der Blumen hinauf, um deren Honig zu saugen. Wenn diese mit Honig beladenen Ameisen nach Hause laufen und einer Ameise begegnen, die andere Arbeit verrichtet hat und hungrig ist, so pressen sie etwas Honig heraus, um ihre Freundin zu füttern. Denn es scheint Regel unter den Ameisen zu sein, daß sie einander helfen.

Und nun müßt ihr Tag für Tag aufpassen, bis ihr etwas noch viel Wunderbareres seht. Ihr erinnert euch, daß wir in der ersten Lektion von den kleinen Blattläusen sprachen, die den Saft aus den Pflanzenstengeln saugen. Aber wir bemerkten nicht, daß sie zwei kleine Hörner am Ende ihres Körpers haben. Aus diesen Hörnern scheiden sie einen wachsartigen Stoff ab, mit dem sie die Mundwerkzeuge ihrer Feinde (s. Marienkäfer S. 37) zu verkleben suchen. Wenn sie fortwährend saugen, füllen sie bald ihren Darmkanal mit Pflanzensäften. Dieser Saft wird nun wenig verdaut und als stark zuckerhaltige Flüssigkeit in Tröpfchen wieder ausgeschieden.

Der abgesonderte süße Saft ist gerade das, was die Ameise liebt, und ihr habt vielleicht das Glück, die Gartenameise dabei zu beobachten, wie sie ihn zu gewinnen sucht. Sie kriecht hinter eine Blattlaus und streicht die Seiten derselben mit ihren Fühlern, so daß diese einen Tropfen Honig ausfließen läßt.

Sie hat noch eine Herde dieser „Honigkühe“ unter der Erde verborgen, wo ihr sie nicht sehen könnt. Sie trägt die Blattläuse in ihre Gänge und setzt sie auf Pflanzenwurzeln. Da sorgt sie für sie, als ob es ihre eigenen Larven wären und bringt deren Eier und Jungen durch den Winter, um sie im nächsten Frühling zu benutzen. In unserem Klima halten die Ameisen einen Winterschlaf, aber in wärmeren Ländern bleiben sie wach und sammeln Vorräte für die ungünstige Jahreszeit.

Wenn man das Nest einer Gartenameise ausgräbt und die Wurzeln, die man herausholt, sorgfältig betrachtet, so wird man wahrscheinlich einige Blattläuse darauf finden. Legt man die Wurzel wieder an dieselbe Stelle, so werden sich diese nicht beunruhigen, und die kleine Ameise wird ihre Honigkühe nicht verlieren.

Es gibt eine kleine gelbe Ameise, Wiesenameise genannt, die in großen Mengen auf der Heide und auf Wiesen lebt und keinen Stachel hat. Sie hält fast alle ihre Honigkühe unter der Erde und setzt sie auf Graswurzeln. Manchmal, wenn man ein Feld pflügt, durchschneidet man eins dieser Nester. Vorkommendenfalls haltet einen Augenblick an und beobachtet die Ameisen. Ihre erste Sorge gilt den Larven und Kokons. Aber sobald diese in Sicherheit sind, wird man sehen, wie sie die kleinen grünen Blattläuse ebenso sorgsam holen, als wenn es ihre eigenen Kinder wären.

Die Waldameise bringt die Blattläuse nicht nach Hause. Sie besucht sie auf den Pflanzen, und viele Schlachten zwischen den Ameisen zweier Nester beginnen, weil die eine Kolonie sich mit den „Honigkühen" einer anderen zu schaffen gemacht hat. Dann kommen die Arbeiter aus beiden Nestern heraus und fallen übereinander her, indem sie sich auf den Hinterbeinen stehend mit ihren Kiefern beißen und versuchen, Ameisensäure über den Feind zu spritzen. Diese Schlachten dauern oft mehrere Tage lang, bis die eine Partei erschöpft ist.

Die Arbeiter, von denen Tausende sich in einem großen Neste finden, sind es, die die Schlachten schlagen und die Honigkühe ausnützen. Die Königin arbeitet nicht; sie legt nur Eier. In einem großen Neste sind vielleicht zwei oder drei Königinnen, aber sie streiten sich niemals wie bei den Bienen. Wenn sie zu Hause Eier legen, haben sie keine Flügel; aber im Sommer wächst eine Anzahl von weiblichen und männlichen geflügelten Ameisen heran, und an einem warmen Tage fliegen sie aus, und man kann sie wie Mücken in der Luft auf- und abschweben sehen. Dann fallen sie hilflos auf den Boden und kriechen umher. Die Männchen werden von Vögeln gefressen oder sterben. Keins von ihnen kehrt zum Neste zurück. Den Weibchen, die nicht getötet werden, reißen die Arbeiter die Flügel ab, oder sie tun das selbst, und dann kehren sie entweder zum Neste zurück, um Eier zu legen, oder sie vereinigen sich zu einem neuen Neste.

Suche alle möglichen Ameisen. Behalte sie kurze Zeit, füttere sie mit Honig und gib ihnen etwas Erde zum Bauen. Halte einige Blattläuse auf einer Pflanze, um den süßen Saft zu sehen. Untersuche ein Ameisennest, dadurch, daß du es an der Seite öffnest; setze die Blattläuse und Kokons sorgsam wieder hinein.

Wissenschaftliche Namen der Ordnungen der Insekten mit Erklärung.

(„*ptera*“ [Plural] bedeutet Flügel.)

A-ptera = Ohne Flügel. Flöhe und Läuse.

Hemi-ptera = Halbflügler, d. h. mit ungleichartigen Flügeln; die vorderen sind leder- oder hornartig, die hinteren durchsichtig. Blattläuse, Schaumzikade, Wasserwanzen.

Di-ptera = Zweiflügler. Fliegen, Mücken und Schnaken.

Lepido-ptera = Schuppenflügler. Flügel mit feinen Schuppen bedeckt. Schmetterlinge.

Coleo-ptera = Scheidenflügler. Die Vorderflügel sind hornig und bilden Flügeldecken. Käfer.

Neuro-ptera = Netzflügler. Die Flügel sind mit einem Netzwerk von Adern durchzogen. Ameisenjungfer, Köcherfliege.

Ortho-ptera = Geradflügler. Die Flügel sind in gerade Falten gelegt wie ein Fächer. Heuschrecken, Grashüpfer, Heimchen, Ohrwurm.

Hymeno-ptera = Hautflügler. Flügel mit durchsichtiger Membrane. Bienen, Wespen, Raubwespen, Schlupfwespen, Gallwespen, Blattwespen, Ameisen.